室内设计

手绘技法与快题表现

（第2版·修订版）

曾添　编著

人民邮电出版社

北　京

图书在版编目（CIP）数据

室内设计手绘技法与快题表现 / 曾添编著. -- 2版
（修订本）. -- 北京：人民邮电出版社，2022.1
ISBN 978-7-115-57802-0

Ⅰ．①室… Ⅱ．①曾… Ⅲ．①室内装饰设计－绘画技
法 Ⅳ．①TU204.11

中国版本图书馆CIP数据核字(2021)第222608号

内 容 提 要

本书根据学习手绘的 3 个阶段来安排教学内容，即初期、中期、后期，根据难易程度，循序渐进，以满足不同基础读者的学习需求。

初期为手绘的基础阶段，所对应的是第 1 章至第 4 章的内容，主要针对绘画基础薄弱的读者，使之了解手绘工具，学习手绘线条表现、透视的基本理论，练习室内家具陈设的表现。中期为手绘能力快速提升的重要阶段，所对应的是第 5 章至第 7 章的内容，需要读者学习并掌握马克笔和彩色铅笔的上色技法，空间的线稿表现、上色表现。后期是一个综合学习阶段，所对应的是第 8 章的内容，需要掌握快题设计的制图规范及要求，并结合实例考题和优秀学员作品，快速提升综合设计能力和手绘表现能力。

本书提供教学视频，读者可以通过扫描"资源与支持"页面的二维码在线观看。本书适合室内设计人员或者想从事室内设计相关工作的人员学习，也可以作为室内设计专业方向的学生和对手绘学习有需求的人员的参考用书。

◆ 编　著　曾　添
　　责任编辑　张丹阳
　　责任印制　马振武

◆ 人民邮电出版社出版发行　　北京市丰台区成寿寺路 11 号
　　邮编　100164　电子邮件　315@ptpress.com.cn
　　网址　https://www.ptpress.com.cn
　　北京盛通印刷股份有限公司印刷

◆ 开本：787×1092　1/16
　　印张：15.75　　　　　　　　2022 年 1 月第 3 版
　　字数：413 千字　　　　　　 2024 年 8 月北京第 5 次印刷

定价：99.80 元

读者服务热线：(010)81055410　印装质量热线：(010)81055316
反盗版热线：(010)81055315
广告经营许可证：京东市监广登字 20170147 号

Foreword

　　现在距离本书第1版正式发行已四年有余，在第1版书正式发行之时，我就已经开始筹备出版第2版书了，因为对一本手绘工具书来说，内容的扩充、案例的更新尤为重要。除此之外，我也希望自己的书能够与时俱进，能更好地为读者解决手绘技法表现方面的问题，所以第2版在第1版的基础之上增加了新的内容。新增的具体内容包括以下4个方面：第一，在基础练习部分增加了新的关于线条的排列及透视相关的知识点；第二，增加了不用格尺，只用笔绘制透视效果图的基本方法；第三，丰富了单体家具上色的案例；第四，增加了在实际工作中如何将我们的室内设计手绘效果图呈现出来的相关内容，涵盖了从单体家具、组合家具、家装空间到公共空间的不同类别的案例，案例难度是逐步提升的。

　　相较于第1版，第2版的内容更加完善。第2版更新的内容延续第1版的内容形式，所有案例均出自本人之手，这也是我作为一个手绘教育工作者的坚持。我希望通过这样的方式不断提高自身的表现技能，总结教学方法，丰富教学经验。

Foreword

我从事室内设计手绘培训行业已经7年有余，这对于我来说是一个不断完善、积累、沉淀的过程。正因为有了这个积淀的过程，我才能把这样一本关于室内设计手绘表现技法的书呈现在大家面前。

我花费了很长的时间才编成本书，因为大部分时间还要投入实际手绘教学当中。本书结合了一些学员在学习手绘表现技法时遇到的典型问题，进行对照讲解。

室内设计手绘对我个人而言，不是在图纸上"炫技"——炫耀手绘效果图多么漂亮、线条多么流畅，而是要通过掌握设计表现形式，将设计方案表达清楚，实现设计目标。更准确地说，室内设计手绘是设计师思维活动的一种体现，是通过手绘这样一种表现形式呈现设计结果。

绘画的含义很广泛，室内设计手绘是绘画的一种表现形式。练习手绘可以综合培养我们的色彩搭配能力、设计思维能力和审美能力。在教学的过程中，常有学员提出这样的问题："我的色彩感很差，在设计方案时都不知道怎样去运用颜色。"这个问题反映出学员对颜色的认知度差，综合审美能力弱。想要让自己的设计综合能力提高，方法与途径有很多，但进行绘画练习是必不可少的。

在科技高速发展、信息快速传播的今天，也会有人宣扬"手绘无用论"。但我认为，手绘对于设计师是否有用，还是取决于个人的发展及想要达到的高度。如果想追求完美的设计，成为综合实力很强的设计师，可能还是需要具备较强的手绘表现能力。

古人云："业精于勤，荒于嬉；行成于思，毁于随。"任何惊人的技能，皆是勤奋练习的结果。

学画之法在于"勤、观、思"。"勤"就是勤学苦练；"观"和"思"是观察和思考，两者密不可分。学习手绘要多看优秀的手绘作品，思考其表现方式，勤于练习。初学的时候可多临摹，通过大量实际案例的练习，积累表现经验，再独立设计空间内容。这是一个循序渐进的过程。

我能够出版本书，想要感谢的人很多。感谢所有给予我支持和帮助的朋友，且要特别感谢我上大学时的手绘老师。这位年过六旬的学者拿起笔给班里的同学做示范时，其对绘画线条、颜色一丝不苟的态度，还有那种专注的精神打动了我，以至于我毕业后仍然对手绘表现有自己的坚持。

我把自己从事手绘培训以来的全部经验，取最精华之处编入本书。如果大家认真学习，相信一定能有收获。书中若有不足之处，肯请批评、指正。

Resources and support
资源与支持

本书由"数艺设"出品，"数艺设"社区平台（www.shuyishe.com）为您提供后续服务。

配套资源

视频教程：根据图书教学顺序附赠一套视频教程，展示典型案例的完整绘制过程并讲解绘制细节。可通过PC端在线观看，也可通过移动端扫描对应章前页二维码进行观看。

部分案例效果图：提供第6章案例的线稿图和第7章案例的上色效果图，方便读者临摹练习。

资源获取请扫码　　　**教学视频**

（提示：微信扫描二维码，点击页面下方的"兑"→"在线视频+资源下载"，输入51页左下角的5位数字，即可观看全部视频。）

"数艺设"社区平台， 为艺术设计从业者提供专业的教育产品。

与我们联系

我们的联系邮箱是szys@ptpress.com.cn。如果您对本书有任何疑问或建议，请您发邮件给我们，并请在邮件标题中注明本书书名及ISBN，以便我们更高效地做出反馈。

如果您有兴趣出版图书、录制教学课程，或者参与技术审校等工作，可以发邮件给我们。如果学校、培训机构或企业想批量购买本书或"数艺设"出版的其他图书，也可以发邮件联系我们。

如果您在网上发现针对"数艺设"出品图书的各种形式的盗版行为，包括对图书全部或部分内容的非授权传播，请您将怀疑有侵权行为的链接通过邮件发给我们。您的这一举动是对作者权益的保护，也是我们持续为您提供有价值的内容的动力之源。

关于"数艺设"

人民邮电出版社有限公司旗下品牌"数艺设"，专注于专业艺术设计类图书出版，为艺术设计从业者提供专业的图书、视频电子书、课程等教育产品。出版领域涉及平面、三维、影视、摄影与后期等数字艺术门类，字体设计、品牌设计、色彩设计等设计理论与应用门类，UI设计、电商设计、新媒体设计、游戏设计、交互设计、原型设计等互联网设计门类，环艺设计手绘、插画设计手绘、工业设计手绘等设计手绘门类。更多服务请访问"数艺设"社区平台www.shuyishe.com。我们将提供及时、准确、专业的学习服务。

Contents 目录

第 6 章
空间的线稿表现

第 7 章
空间的上色表现　　（视频讲解：160分钟）

第 8 章
室内设计快题表现

后记

第 **1** 章

了解手绘工具

本章重点

在讲解室内设计手绘技法之前，我们先来了解一下室内设计手绘表现需要用到的工具。要想更好地了解与学习手绘，这是很重要的环节。特别是初学者，要先了解手绘工具，知道每一种工具的特性，手绘时才能轻松驾驭。熟悉每一种工具的用法及其表现出的效果，在绘画的过程中灵活地运用工具，这样绘制出来的画面才能够呈现出我们期待的效果。

1.1　手绘表现技法的重要性

1. 学习

　　手绘对于学习室内设计的人来说是必须掌握的技能之一。通过学习手绘，我们能塑造空间及形体；通过学习手绘，我们能将抽象概念转化为具象表达。

2. 工作

　　对于室内设计师来说，手绘表现能提高工作效率。我们在与客户沟通时，可以通过手绘展现专业技术知识、专业能力，体现个人魅力。

3. 考试

　　对于想在室内设计方向继续进修的人来说，掌握手绘效果图表现技法才是"硬道理"。几乎所有与设计相关的专业，都会有相应的手绘表现考试。

1.2　室内设计手绘效果图表现的工具介绍

1.2.1　线稿表现工具

1. 针管笔

　　市面上针管笔的品牌有很多，常见的有樱花、红环、美辉和三菱等品牌。

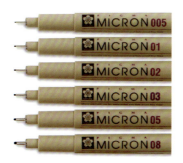

针管笔分为不同的型号，常见型号有：0.05、0.1、0.2、0.3、0.5、0.8、1.0。我们可以根据自己的喜好和习惯去挑选合适的针管笔。

后文默认使用针管笔勾线，当然也可以根据自己的情况选择合适的勾线工具。

0.05
0.1
0.2
0.3
0.5
0.8
1.0

2. 钢笔

钢笔是室内设计手绘效果图表现的重要工具，但是对于初学者来说，一开始就使用钢笔有一定的难度，所以建议初学者选择比较好把控的工具。用钢笔画出的线条是比较自然随性的，且笔触比较明显，这是钢笔的优点。

市面上常见的钢笔有凌美和英雄等品牌。

钢笔有不同的型号，笔头的粗细不一样，画出来的线条也不一样。

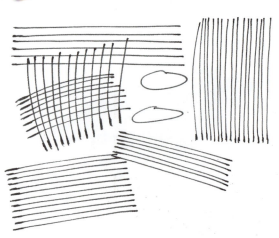

1.2.2　上色表现工具

1. 马克笔

　　马克笔按性质可以分为水性马克笔和油性马克笔两种。给室内设计手绘效果图上色时多使用油性马克笔。油性马克笔的颜色覆盖力较强，颜色叠加效果自然；水性马克笔颜色较油性马克笔的更透，颜色覆盖力较弱，叠加颜色容易留下笔触，上色完成后更偏向水彩的效果。

　　市面上马克笔的品牌有很多，如韩国的Touch。本书中用到的主要是Touch三代和四代马克笔。

　　马克笔一般有两个笔头，一头粗，一头细。粗的笔头是梯形斜面的，所以用马克笔的粗头表现效果图的时候，拿笔的角度不同，画出的线条粗细会不同。在正式学习之前，我们可以先用马克笔画一下，体验一下。

2. 彩色铅笔

　　彩色铅笔分为水溶性彩色铅笔和非水溶性彩色铅笔两种。我们一般选择水溶性彩色铅笔，因为其颜色比较柔和，且容易上色。

3. 水彩颜料

　　水彩颜料可用于表现室内设计手绘效果图。它的优点是颜色自然柔和、透气感强；缺点是表现速度过慢、不易干。在表现室内设计手绘效果图时，更常用马克笔和彩色铅笔，因为它们在表现速度上有优势。

1.2.3 其他工具

我们表现室内设计手绘效果图时还会用到其他工具，如自动铅笔、橡皮、平行尺和硫酸纸等。

俗话说"磨刀不误砍柴工"，熟练使用手绘工具是学好手绘的第一步。准备好手绘工具，充分了解它们的特性后，就开始我们的手绘学习之旅吧！

第 **2** 章
手绘线条的表现

扫码观看视频

本章重点

本章重点进行直线和凹凸线的绘制练习。线条在手绘表现中有着非常重要的地位。我们在判断一张室内设计手绘图的效果如何时，线条表现的好坏起着决定性作用，所以一开始就要进行正规、系统化的线条绘制练习。

2.1 针管笔线条概述

　　从效果图中可以看出线条对于手绘的重要性。整张效果图里的线条有直线、曲线、交叉线，以及一些看似不规则的线条。因此，我们在一开始学习手绘时要从线条入手，由易到难，循序渐进。

2.1.1　使用针管笔绘图的正确姿势

　　握笔的方式有3种：第一种是常规握笔（下面左图），第二种是悬起手腕握笔（下面中图），第三种是悬起肘部握笔（下面右图）。我们一般采用前两种方式。

　　绘图时需要注意以下几点。

❶ 手指与笔尖的距离稍微远一些（手指与笔尖相隔4厘米左右）。

❷ 头部与绘图纸保持中正，身体坐正。

❸ 眼睛与绘图纸的距离适中，以把握画面的全局。

❹ 绘图过程中，在画长直线时，以肘部带动笔，勿用手腕带动笔。

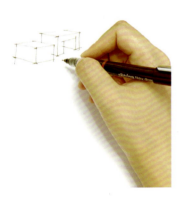  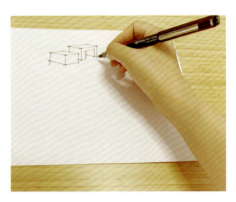

2.1.2　线条的分类

　　下面将讲解几大类线条的绘制方法。对基础线条一定要多加练习，画的时候要注意握笔姿势与运笔速度。

1. 直线

　　绘制直线是最基本的线条练习方式，在画的时候要注意握笔力度和运笔速度，画出的线条要均匀、流畅。

| 平行直线练习 |

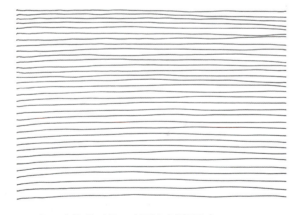

在画直线的时候一定要注意以下3点。

❶ 下笔要稳。

❷ 速度要快。

❸ 线条粗细要均匀。

平行直线与垂直直线练习

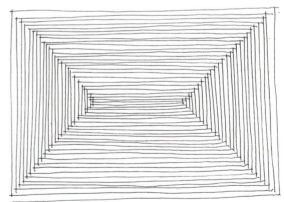

注意 初学者一开始画线的时候尽量把线画长，确保线条清晰、流畅，俗称"磨笔"。

2. 交叉线

　　绘制交叉线是练习基础线条的第二种方式。在画交叉线时要注意角度，画出的线条要自然、流畅。

| 45°斜线交叉练习 |　　　　　　　　　| 垂直线与平行线交叉练习 |

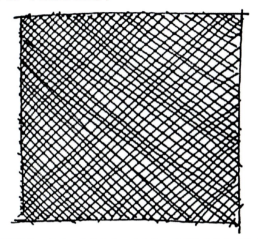 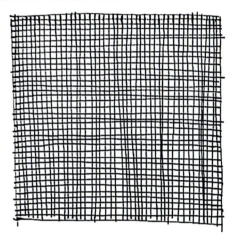

注意 交叉线练习是直线练习的延续，这样能使我们的基础练习得到巩固。

3. 渐变线

　　光线会使物体本身呈现明暗、深浅的变化。渐变线条排列不仅能够表现室内空间的光影关系，还能表现出物品的质感。

| 渐变线练习 |

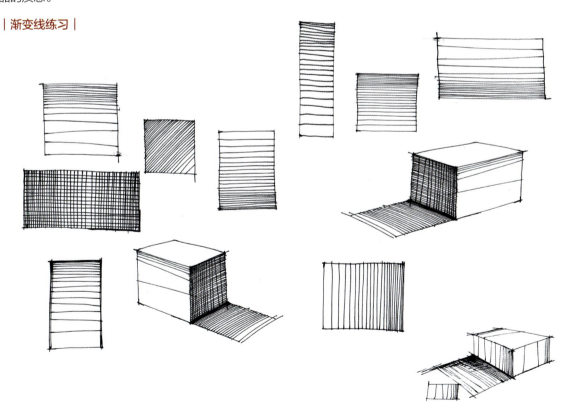

注意 绘制渐变线时要注意线条的流畅程度和疏密变化。渐变线条在塑造家具的形体及表现明暗关系方面起着重要的作用。
　　　　初学者一定要大量练习，这样才能更好地掌握运笔的手感。

4. 凹凸线

凹凸线画起来有一定的难度，需要多去思考线条的变化，不能过于规律，也不能让线条的变化太过夸张。凹凸线可以用来表现一些室内陈设的质感及肌理，还可以用来表现绿植的枝叶等。

| 凹凸线练习 |

5. 用针管笔画线条的典型错误及注意事项

我们在画线条时一定要注意避免以下3种错误的线条表现方式。

（1）线条断断续续。 （2）下笔过重，没有收尾。 （3）画线犹豫，运笔时手腕不稳。

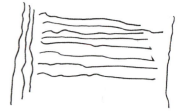

下面是画线条的注意事项。

❶ 要熟悉针管笔的特性。

❷ 握笔不要过紧，也不要过松，要自然、协调。

❸ 画线过程中不要犹豫，要果断。

❹ 下笔不能过重，要有收尾。

❺ 画凹凸线时要有大小、虚实的变化。

初学者在刚开始接触手绘时一定要进行大量的线条练习，有了好的基础才能画出好的手绘作品。

2.1.3 趣味线条练习

趣味线条练习不但可以提升初学者的表现能力，还可以增强初学者对平面构成的认识。一切关于设计的知识对于手绘表现都是有帮助的。

绘制下图对于初学者而言是一个挑战，因为不仅线条要画得均匀，图形也要有流线感。如果某处的线条画得不对，出现打结、不均匀的情况，就会影响整个画面的效果和设计感。

下图是长短线条的综合练习，绘制这张图要求绘画者对线条和图形有较强的掌控能力，且运笔自如。

下侧的线条练习图的设计感很强，有利于用针管笔进行线条的练习。在画这种趣味线条之前需要先用铅笔定稿，确定好线条的位置、方向及所要画出的图案，再用针管笔表现。这样就有了充分的准备，也避免了不必要的麻烦。

线条是绘画的基础，熟练掌握线条的排列方式及运用方法，对后期手绘表现起着至关重要的作用。

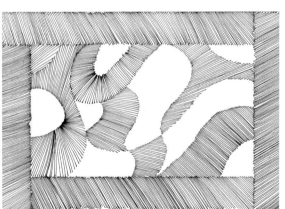

在能够熟练画直线的情况下，我们可以穿插着练习画曲线，以提高对线条的掌控能力及运笔能力。

右图的绘制难点在于斜线的排列。斜线的表现也是一个难点，在表现的时候要注意线条的角度及流畅程度。

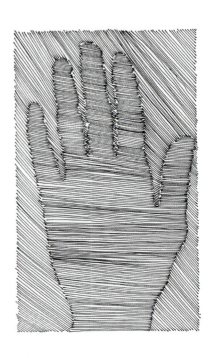

2.1.4　阴影线条的表现方式

阴影线条的表现也是手绘线条的基础练习。练习线条的排列是一个非常重要的环节，希望大家通过阴影线条的绘制练习，巩固基础线条绘制技法，从而熟练掌握线条的排列方式。

| 阴影线条表现方式一 |　　　　　　　　　　　**| 阴影线条表现方式二 |**

| 阴影线条表现方式三 |

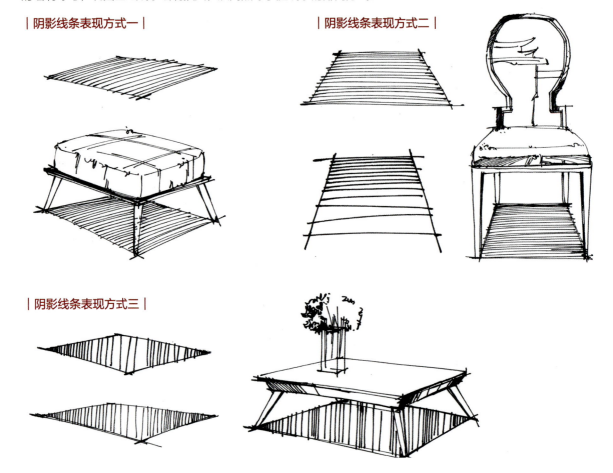

2.1.5　质感线条快速表现

　　本小节将用线条表现出不同立面墙体的质感及造型，为之后快速手绘打下基础。通过本小节的练习，可进一步提升徒手手绘表现能力。

| 案例图一 |

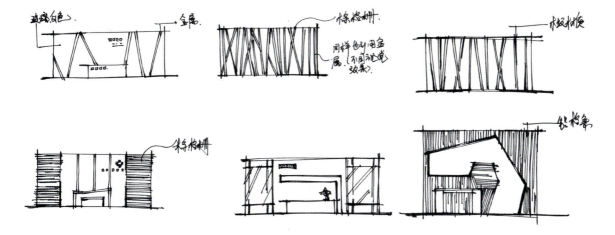

| 案例图二 |

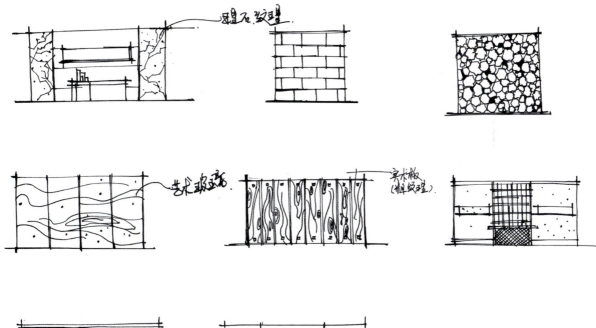

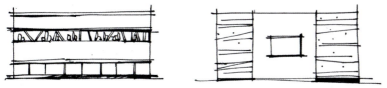

2.2 马克笔线条的表现

　　马克笔是手绘的重要工具之一，在学习手绘的初期就应该熟悉马克笔的特性，这样才能帮助我们完成上色表现。由于马克笔笔头的形状特殊，不同的握笔角度及方式，画出的线条粗细也不同。如果不能改变线条的粗细，那么画出来的颜色都是叠加在一起的，很难体现画面层次变化。由于马克笔上色表现多以直线为主，因此我们以直线为主，来讲解马克笔常用技法及线条。

2.2.1 马克笔常用技法及线条

1. 平涂技法

　　平涂是马克笔常用的表现技法，比较好掌握。涂画时，让粗笔头的大斜面完全接触纸面，握笔要稳，落笔果断且快速。

| 马克笔平涂练习图 |

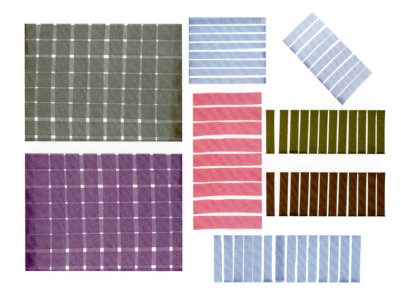

2. 半平涂技法

　　半平涂是用粗笔头斜面的一半画线条，比平涂的线条略细一些。

| 半平涂练习图 |

3. 笔尖线条

笔尖线条是用粗笔头顶端画出的线条。用笔尖画线时，运笔要稳，不然容易粗细不均。

| **笔尖自由练习图** |

4. 细线

细线是用粗笔头底部画出的线条。粗笔头的形状是不规则的，使用粗笔头的不同部位可以画出不同粗细的线条。

| **细线排线练习图** |

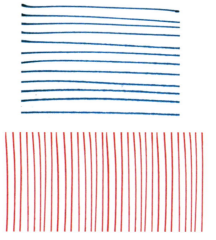

5. 综合练习

通过综合练习马克笔的常用技法及线条，我们可以更熟悉马克笔的特性，更好地掌控线条的粗细变化，在上色时更准确地表现画面层次。

┃ **综合练习一** ┃ 线条由粗到细，体现了马克笔可以绘制不同粗细的线条。

┃ **综合练习二** ┃ 深度练习马克笔渐变线条的排列方式。

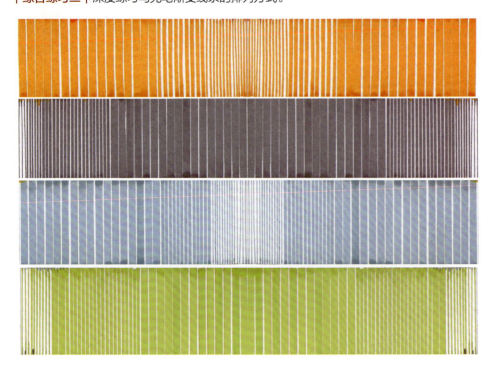

6. 用马克笔画线条的常见错误

（1）运笔速度过慢

画线速度过慢、握笔不稳都会出现右图所示的情况。这样叠加在一起的线条会有很重的笔触感，从而影响画面效果。

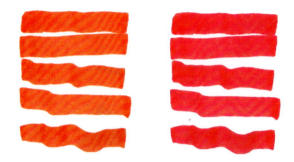

（2）画出的线条断断续续

画出的线条断断续续主要是因为对画面中的物体结构和明暗关系分析不到位，又或是马克笔使用不熟练，下笔犹豫、不果断。

（3）下笔过重，线条一头粗一头细

用笔不熟练、想当然地去表现物体、运笔速度过快等，都会出现线条一头粗一头细的情况。

2.2.2　马克笔线条案例

马克笔是我们塑造物体时的重要绘画工具，通过临摹下面的一些范例，不仅可以熟悉马克笔的运笔方式，更能为学习几何形体关系、颜色表现做铺垫。

　　练习用马克笔绘制线条表现物体的深浅及虚实关系。在下笔前应该明确物体的明暗关系，并熟练马克笔技法，就能达到较好的画面效果。

| 案例图一 |

| 案例图二 |

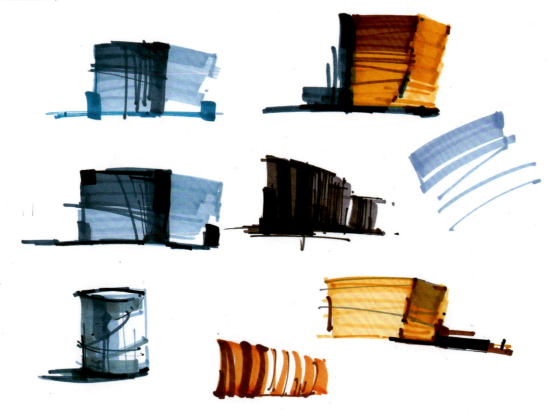

第 **3** 章

透视的基本理论

扫码观看视频

本章重点

本章主要讲解室内设计手绘效果图常用的3种透视关系，即一点透视、两点透视和一点斜透视。通过本章的学习，初学者能提高对空间形体的理解能力和推断能力。

3.1 透视概述

透视是室内设计手绘效果图的基础和灵魂，准确表现敌视关系能增强效果图空间感。对于设计师来说，熟练掌握透视关系的表现方式，既能画出真实感强的效果图，又有助于更好地解决设计方案中的问题。

3.1.1 什么是透视

透视应用于手绘图绘制，帮助我们在二维平面纸上准确构建三维立体空间。在设计构思后，我们假想构思出的物体形态与视点之间有一平面存在，而这个假想平面就是我们眼前的画面，再将物体形态通过一定的透视法则投影到假想平面上，用线条来表现物体的空间位置、轮廓和投影，从而完成对三维立体空间的绘制。

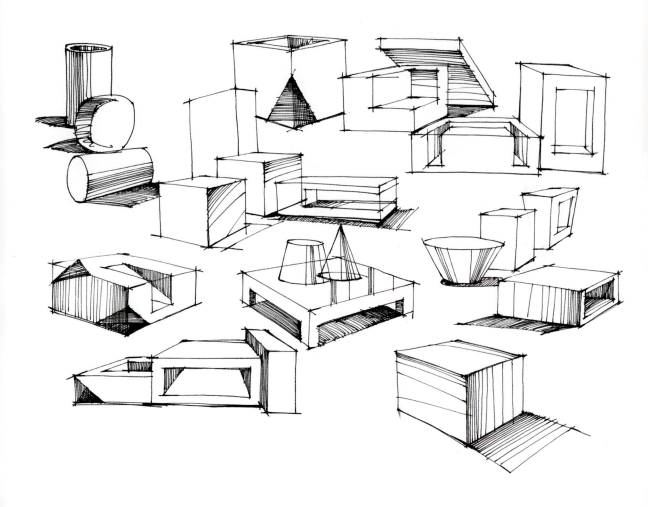

我们练习了画各种线条后，就可以把这些线条组织起来，以练习画各种几何形体。只有结合了具体的形体，线条才有意义，也更容易被理解和掌握。生活中的物体众多，但总体来说都是由立方体、球体、圆柱体和锥体等几何形体组成的。因此多练习画几何形体对于室内设计手绘效果图的表现有非常大的帮助。

3.1.2 常用透视基础练习

我们在表现室内设计手绘效果图时常用到3种透视关系。单体透视常用一点透视和两点透视，整体空间透视还会用到一点斜透视，本小节主要讲解一点透视和两点透视。

1. 一点透视

一点透视（又称平行透视）是一种很常见的透视关系，初学者理解起来也比较容易，即物体在空间中只有一个消失点。

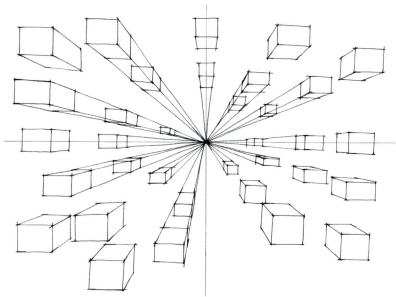

初学者在表现一点透视时，可以借助放射线确定形体关系和位置。等熟练后就能做到"心中有点"，不再借助放射线。透视关系一定要反复练习，才能够呈现好的空间视觉效果，透视关系也能表现得更加准确。

通过一段时间的练习，我们会对"方盒子"的透视关系有一定程度的了解和掌握，接下来就可以适当增加难度，将"方盒子"转变为一些单体家具，如沙发、床和桌子等。同时适当加一些阴影线条，为下一个阶段的练习打基础。

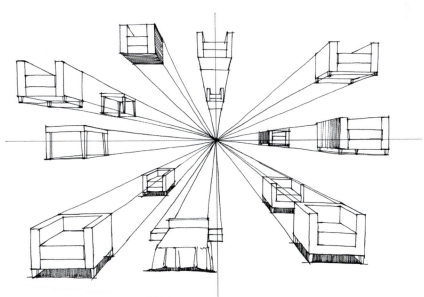

2. 两点透视

两点透视（又称成角透视）是指一个物体在画面中有两个消失点。通过观察几何形体边线延长线的走向，可得知几何形体在空间中的透视变化。同一空间有多个几何形体时，整体会呈近大远小、近宽远窄的透视效果。

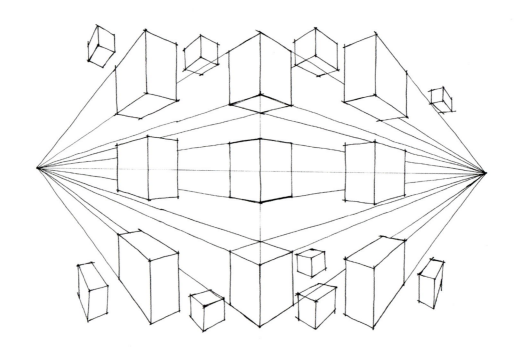

由于角度原因，绘制两点透视相对于绘制一点透视来说难度要大一些，在练习时一定要注意延长线的走向，把控整体形体关系。

同一点透视一样，在熟练掌握两点透视"方盒子"的情况下，可以增加难度，将"方盒子"转变为单体家具。画两点透视家具时要注意每一条线的消失方向。若线条角度不对，则家具的形体就会不准确。只有反复不断地练习，才能画出准确的两点透视关系。

3.1.3 常用透视的基础表现案例

　　本小节主要讲解3种常用透视关系的基础案例。按照案例步骤反复练习，可以增强我们的空间透视表现力。

1. 立方体一点透视图讲解

步骤 01 用铅笔勾勒出基本的透视关系。

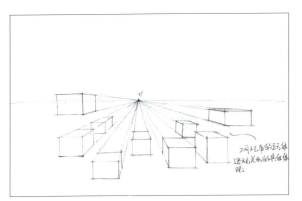

步骤 02 继续完善不同角度的几何形体的透视关系，熟练此步骤。

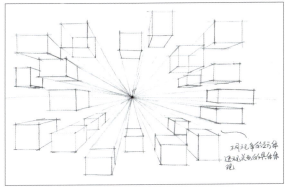

步骤 03 用铅笔起完稿后，用针管笔或者钢笔继续勾线，这样做可以进一步练习线条的画法，也能更准确地掌控几何形体的透视关系。

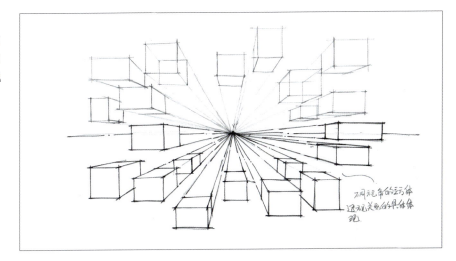

步骤 04 完成全部勾线，得到完成效果图。

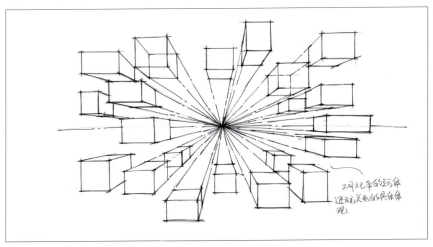

希望大家在学习过程中反复练习，直到表现出的透视关系从视觉效果上来看符合透视原理。对于初学者来说，用铅笔起稿的步骤不可省略，虽然看似有一些复杂，但却是一个有效的练习方式。用铅笔练习可以反复修改，能有效提高观察能力。

2. 立方体两点透视图讲解

步骤 01 用铅笔起稿，根据两个消失点的位置画出几何形体的透视关系。

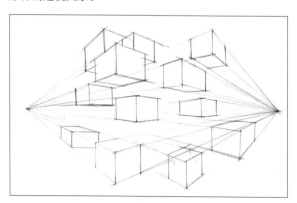

步骤 02 用针管笔勾线，线条要流畅，控制好徒手用笔的速度与力度。

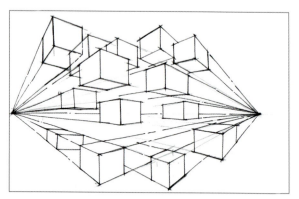

注意，在表现两点透视时，透视线与消失点的位置关系。在勾线时尽量做到线条流畅、透视准确。

不论是表现一点透视还是两点透视，初学者都一定要反复练习，这样才会熟能生巧。

3.2　一点透视空间的表现

一点透视是最常见的透视关系，在室内设计手绘表现中十分常用。它的优点有两个：第一，视野相对来说较宽阔；第二，空间里的物体能够较完整地表现出来，空间内容可以表现得比较丰富。不过一点透视相对其他的透视来说也有缺点，即视觉效果不是那么生动，因为一点透视中的家具及墙体的线条都是横平竖直的，但人的视线是灵活的，并没有那么死板。

3.2.1　一点透视空间的概念

一点透视空间：一个空间中的所有物体只有一个面与画面平行，透视线相交于一个消失点。因为有"近大远小"的透视规律，所以我们看到的一点透视空间画面会有纵深感。

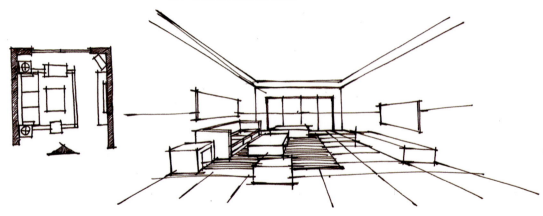

3.2.2　一点透视空间的绘制步骤

　　一点透视可表现更大的空间场景，如家里的客厅与餐厅、餐饮店铺、酒店大堂等。接下来学习如何绘制一点透视空间，掌握表现技巧。以下绘制过程借助格尺完成。

步骤 01 确定空间高度。一般确定空间高度时取整数即可，下图是以3m为标准的空间高度。

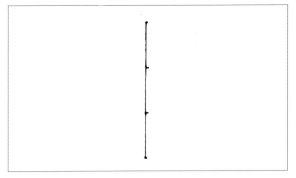

步骤 02 确定内墙的尺寸。

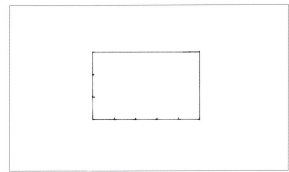

步骤 03 画出视平线（视平线的高度一般为90cm～120cm，视平线不宜定得过高，过高画出来的效果是俯视的），再确定VP点（即消失点，位置可以在视平线上，也可以在墙体内的任何一个位置）可以根据主要表现的墙体位置决定VP点是靠左、靠右还是居中。最后根据VP点画出四面的墙线。

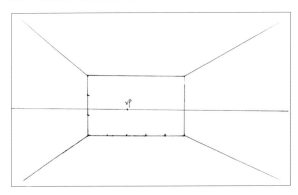

步骤 04 确定空间长度，延伸VP点右下角墙体线，在延伸线上标出同比例的刻度。在视平线上定一个M点，将M点与延伸线上的刻度相连接，并与下面的墙角线相交得到4个刻度点，此时墙角线上的刻度就产生了近大远小的变化。

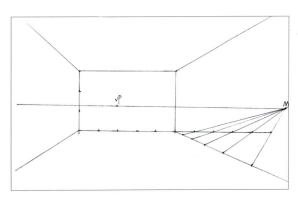

注意 如果VP点在画面的左边，那么M点最好定在画面的右边，这样是为了使地面的刻度比例更加完整协调。在确定M点的时候，其位置最好在下面刻度基线的外侧一点。

步骤 05 画面中的纵向线条都是根据VP点得到的，将VP点与内墙体线上的刻度相连接，即可呈现出画面中的透视关系。

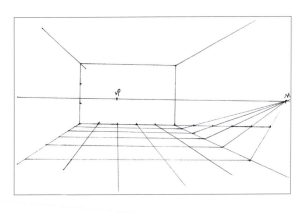

3.2.3　一点透视空间陈设的表现方法

　　熟练掌握了前面的空间透视表现方法，在后面的练习中就可以增加一些难度，把空间中的家具形体表现出来。如右图，可以先把家具的基本形状画出来，再根据整体的透视关系来表现家具的细节部分。

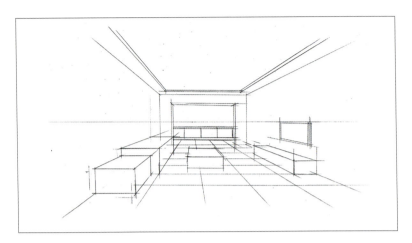

　　在表现家具的具体外形结构时，要注意每一条透视线的走向。右图只是一张简单的一点透视客厅效果图，家具还不够丰富。在熟练掌握了一点透视空间陈设的表现方法的情况下，就可以循序渐进地给空间添加更丰富的家具。

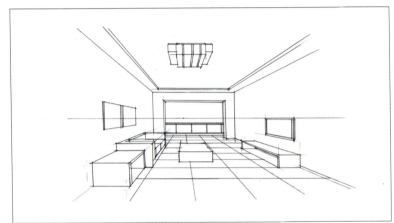

3.2.4　一点透视空间徒手表现应用案例

　　本小节内容是建立在3.2.2小节的基础上的，3.2.2小节是绘制一点透视空间的基础训练，若基础训练不熟练，则在学习本小节内容时就会觉得有一定的难度，很难把握空间中的比例及透视关系。

　　在实际的工作和设计中很少会借助格尺去找画面的比例、大小与透视关系，更多时候是徒手绘制。本小节重点展示徒手绘制空间的过程，为之后的案例学习打下基础。

步骤 01 在纸上按照一定的比例关系及大小画出内墙体、消失点与墙体透视线。注意安排好空间的比例及大小。这样的徒手绘制更多地要靠之前掌握的透视经验。

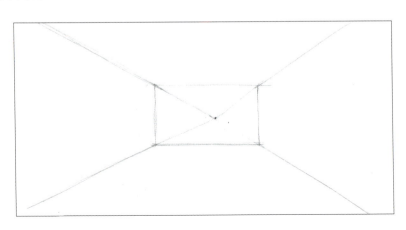

步骤 02 按照一定的透视关系画出地面和天花板的大体轮廓。地面的尺寸比例也需要依靠绘画经验来确定，在表现时注意"近大远小"的透视规律，以及每一块地砖的大小分割情况。

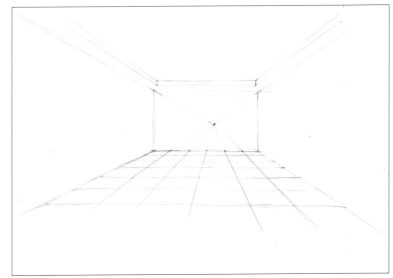

步骤 03 地面地砖的分割线及透视关系为表现家具起到了铺垫作用。

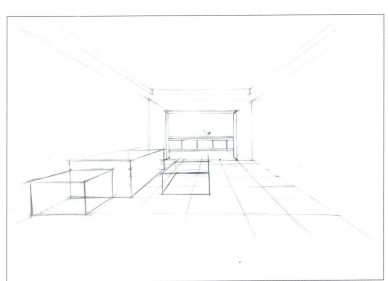

步骤 04 把家具的几何形体表现出来后，再根据画面中的透视关系，深入绘制家具具体结构和细节。

注意 徒手表现空间时，要注意各个几何形体透视线和消失点的位置关系。对于初学者来说，在不太熟练的情况下，不容易将几何形体放到空间里面去，无法正确体现透视关系，所以我们需要反复练习，然后观察画面的透视效果，再不断调整。

步骤 05 完成铅笔稿草图。铅笔起稿其实是为了将空间形体关系更加准确地表现出来，当我们能够熟练掌握手绘表现技法后，就可以省略铅笔起稿这一步。

步骤 06 用针管笔快速勾勒线稿。

步骤 07 完善细节，完成效果图。

临摹快速表现案例是初学者进行徒手绘制空间练习的重要途径，可以通过这样的方式提高自己的手绘表现能力，以营造画面的空间感。

| 快速表现案例一 |

步骤 *01* 用铅笔起稿。

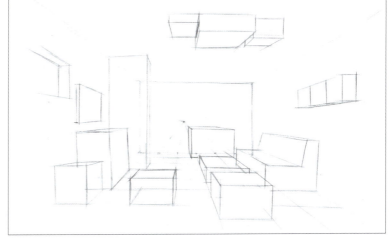

步骤 *02* 用针管笔勾线，完成最终画面效果图。

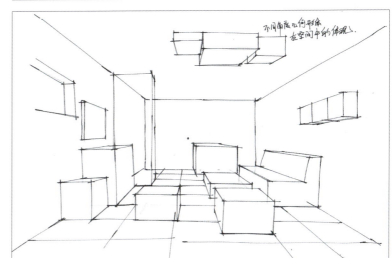

| 快速表现案例二 |

本案例起稿第一步跟案例一基本一致，用铅笔勾勒出整个一点透视空间的大致形体关系，然后根据消失点的位置，安排空间内部几何形体的透视关系。第二步根据第一步铅笔起稿的线条，用针管笔进行勾线，完成最终整体效果图。

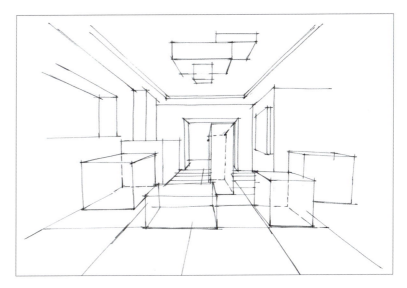

注意 对于以上案例，希望大家可以对照图片反复临摹练习。在刚开始表现时不要太过于追求速度，而忽略了画面的质量。通过一段时间的练习，可以慢慢提高自己的表现速度。

3.2.5　一点透视空间的常见错误及注意事项

对比下面两张一点透视效果图。

由于墙体透视线跟消失点的关系不对，导致空间的透视关系不对。

下图为正确的透视关系图。

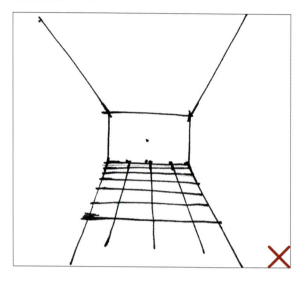

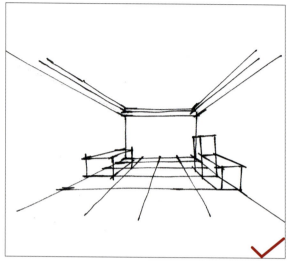

3.3　两点透视空间的表现

两点透视也是透视效果图里常用的一种表现方式。表现两点透视比一点透视复杂，因为在画面中有两个消失点，并且还要注意家具线条的变化。重点要把握好两点透视的角度，使其视觉效果看起来更加舒适、和谐。

3.3.1　两点透视空间的概念

画面中所有表现家具高度的线条皆垂直于画面，空间里表现墙体长度和宽度的线条形成两个消失点，这样的透视空间即为两点透视空间。

3.3.2 两点透视空间的绘制步骤

接下来我们学习如何绘制两点透视空间，下图所示为起稿的前3个步骤，使用格尺完成绘制。

步骤 01 确定好空间高度。

步骤 02 画出基线作为辅助线条，在之后可确定空间宽度。

步骤 03 平行于画面基线的为空间中的视平线，视平线的高度一般定在1.0m~1.5m。定出测点（图中用M₁、M₂表示）。

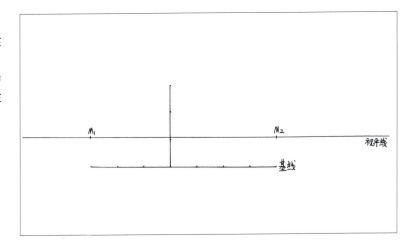

步骤 04 根据M₁点和M₂点就能定出消失点（图中用VP₂、VP₃表示）的位置。注意消失点的位置一定要离M₁点、M₂点的位置远一些，一般为了方便，我们可以以M₁点和M₂点的垂直高度作为参考。消失点的位置如果没有确定好，会影响整个画面的角度。消失点VP₂点、VP₃点的位置确定下来后，就可以确定墙体透视线的位置了。

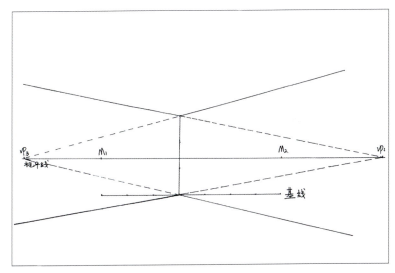

步骤 05 将M₁点和M₂点分别跟基线上面的刻度相连接，并延伸到底部两边的墙角线上，就能表现近大远小的透视关系。

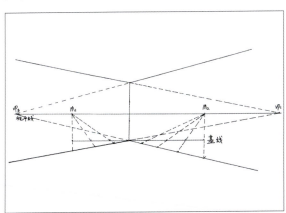

步骤 06 通过M₁点、M₂点和基线得出墙角线上近大远小的点后，就可分别将两边的消失点与墙角线上的点进行连接，这样就能画出地面上的线条。

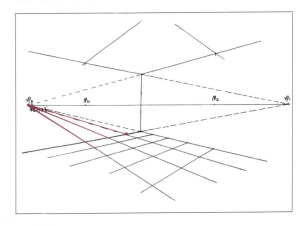

3.3.3 两点透视空间陈设的表现方法

在熟练掌握两点透视空间绘制方法的情况下，可以继续去表现空间里面的家具。一般在表现空间里面的家具时，先不要着急把家具完整的形状画出来，而要先分析出地面上家具的位置，再根据位置确定家具的尺寸。

步骤 01 根据左右两边的消失点（图中用 VP_3、VP_4 表示），在地面上确定好家具的位置及尺寸。

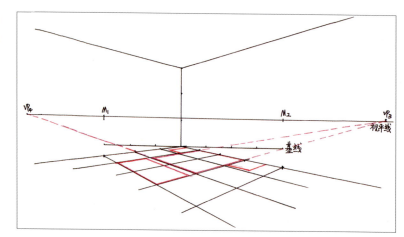

步骤 02 根据地面上家具的位置及尺寸，确定家具高度。家具的所有透视线都要跟消失点连接，这样画出来的家具才不会变形。

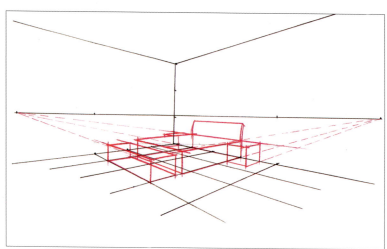

步骤 03 完成的效果如右图所示。

3.3.4　两点透视空间徒手表现应用案例

本小节继续学习两点透视空间表现，以3.3.3小节内容为基础，进行徒手空间表现的练习，继续加强对两点透视空间的把控能力。

步骤 01 在纸上按照一定的比例关系绘制出两点透视的基本墙体，并确认家具摆放位置。

步骤 02 画出地面的透视关系。

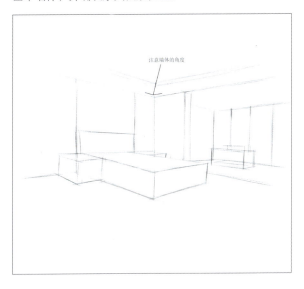

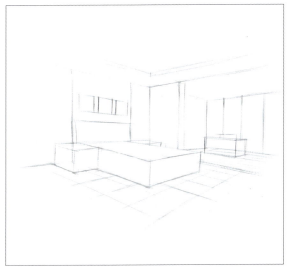

注意（1）要注意对墙体角度的表现，角度过大、过小都不合适，这个已经在画面上有所标注。（2）徒手表现两点透视空间时，一般情况下消失点都会在画面之外，所以在画家具时，需要仔细观察，对照墙体透视线的走向，准确表现家具的透视关系。

步骤 03 用针管笔快速勾线，进一步表现家具的具体结构。

步骤 04 用针管笔完善家具的具体结构，体现家具的材质。徒手表现的空间效果图会给人一种比较轻松自然的感觉，徒手表现也提高了我们手绘效果图时的效率。

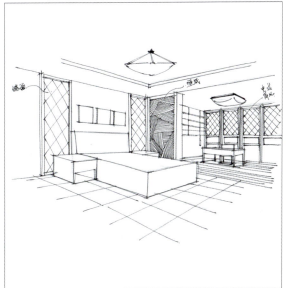

临摹快速表现案例是初学者进行徒手绘制空间练习的重要途径，可以通过这样的方式提高自己的手绘表现能力，以营造画面的空间感。

快速表现案例一

在本案例中，表现右侧墙面上凸出来的几何形体的角度及透视关系时，难度相对高一些。大家在临摹时，如果直接用针管笔起稿不是很熟练，可以先用铅笔起稿，将基本形体关系表现准确以后，再用针管笔勾线。

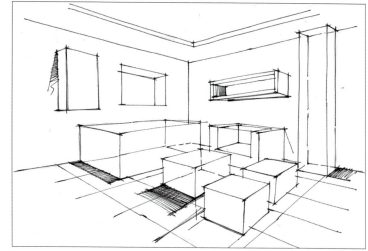

快速表现案例二

在本案例中，保留了铅笔起稿的部分，大家可以看到针管笔稿下面的铅笔稿印记。希望通过这一过程展示让大家明白，铅笔起稿的过程其实也是很好的透视表现训练，通过用铅笔不断地修改，积累经验并理解透视关系，最后达到熟练掌握和运用透视规律的目的。

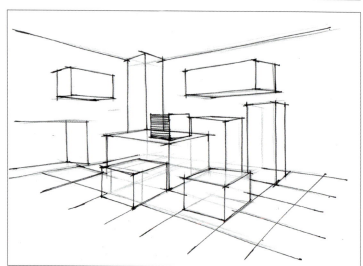

快速表现案例三

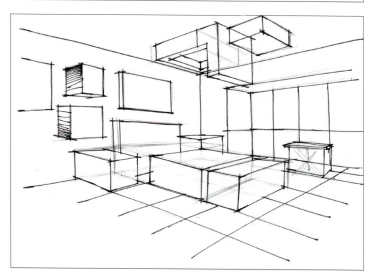

⚠️ **注意** 对于以上案例，希望大家可以对照图片进行反复临摹。通过临摹这一方法，提高自己在手绘表现时的透视准确度，同时提高效率。

3.3.5　两点透视空间的常见错误及注意事项

初学者在绘制过程中容易出现两个消失点画得太近，导致空间中的家具变形的问题。

消失点在空间里的位置太靠近中心，导致两点透视角度过小，家具变形。

下图为正确的透视关系图。

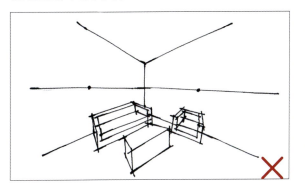

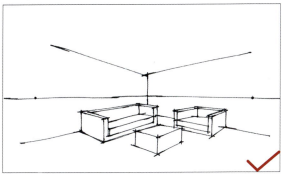

3.4　一点斜透视空间的表现

一点斜透视是介于一点透视和两点透视之间的一种透视效果，在室内设计手绘表现中应用得也很广泛。一点斜透视和两点透视相同的地方是都有两个消失点，但不同的是一点斜透视的一个消失点是在画面基准面以内，而另一消失点则在距离画面很远的位置，甚至超出了画面。一点斜透视空间中除了垂直线条外，没有完全平行的线条。在画面外的那个消失点，决定了顶面与地面的斜度。

3.4.1　一点斜透视空间的概念

一点斜透视能较生动完整地表现空间效果，在室内设计手绘效果图表现中经常可见，既弥补了一点透视不够灵活、生动的不足，也弥补了两点透视空间比较局限的不足。一点斜透视能准确生动地表现出主体墙面与主要陈设之间的透视关系，同时又能使画面产生美感。

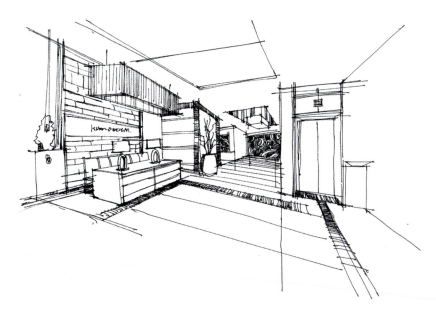

3.4.2 一点斜透视空间的绘制步骤

接下来学习绘制一点斜透视空间。

步骤 01 与一点透视的表现方法一样，先把墙体的宽度和高度表现出来，确定好消失点的位置，确定空间的长度。有了这些就可以继续绘制一点斜透视的墙体了。

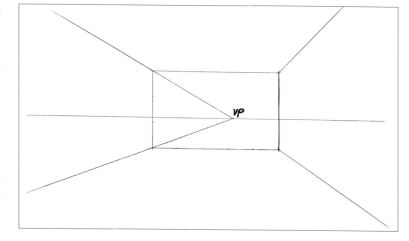

🄸注意 一点斜透视的消失点位置尽量靠左一些，或者靠右一些，不要在中间，因为消失点如果在中间，会影响一点斜透视的视觉效果。

步骤 02 将之前画好的墙体左侧的高度线作为一条基准线，在此线上定一个 O_1 点，然后把 O_1 点和消失点右上方的墙角相连，形成一条线，一点斜透视的斜的墙体基本上就可以确定出来了。

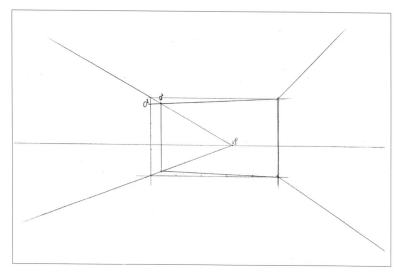

🄸注意 一点斜透视的另外一个消失点在画面以外，所以为了在表现一点斜透视时有一定规律和依据，而定出 O_1 点来确定一点斜透视墙体的斜度，O_1 点越往下走，墙体斜度越大。

步骤 03 沿内墙的右下方画出延长线，确定好刻度，在视平线上确定好M点的位置。这一步跟一点透视中表现空间长度的方法相似。

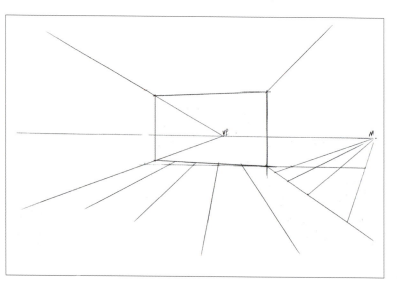

🄸注意 其实表现画面长度近大远小的方法有很多种，这里讲的是比较简单的、容易掌握的一种方法。还有一种表现方式是延长线和M点在内墙的左面，但由于内墙的左面墙体有一定的斜度，为了便于初学者学习、掌握透视表现，这里就将延长线和M点放在了内墙的右面。

步骤 04 标出近大远小的点，画出地砖，得出最终空间效果图。

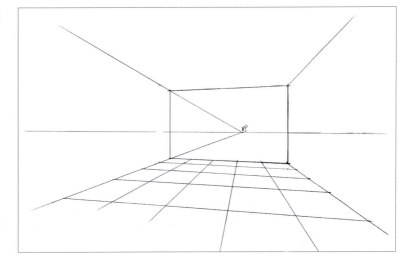

注意 因为一点斜透视没有完全平行的线条，所以在表现地面斜线时，倾斜的角度不是很好掌握。那么初学者在表现时，就以内墙为参考，画出与内墙斜线平行的线条即可。

3.4.3　一点斜透视空间陈设的表现方法

整体空间表现出来后，我们就可以往里面添加家具及其他陈设了。

步骤 01 根据地面的尺寸与消失点的位置，确认家具在地面的位置及尺寸。

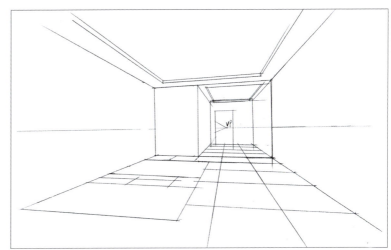

步骤 02 有了地面的尺寸，再去确定家具的高度就不难了。再根据整体透视关系，把空间里的其他陈设表现出来。

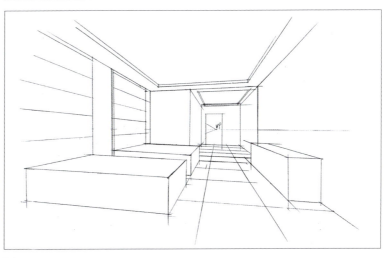

注意 家具的线条走向要与一点斜透视的地面、顶面的线条走向一致，长和宽的线都是斜的。还要特别注意的是上下线条斜的角度是不一样的，那么随着物体高低的变化，物体结构的线条也要产生斜度变化。

步骤03 继续刻画空间里的家具及其他陈设，空间里的家具质感也可以通过铅笔线条体现出来。

步骤04 用针管笔勾线，适当地可以加一些调子，体现出阴影关系。

3.4.4 一点斜透视空间徒手表现应用案例

了解了一点斜透视的基本透视特点、绘制步骤及陈设表现后，本小节将继续学习徒手绘制一点斜透视空间应用案例以及其中的技法表现。

1. 应用案例一

步骤01 徒手画出一点斜透视的空间关系及地面透视关系。深黑色线条为墙体的延长线，会相交于画面外一点。这一消失点由于离整体画面较远，在徒手表现时，可忽略。

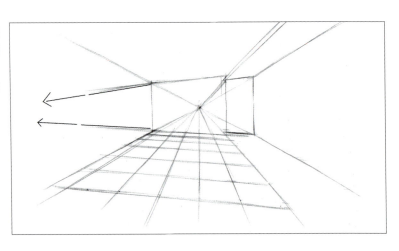

步骤 02 根据透视经验确定画面的透视关系，表现出家具的位置及空间结构。

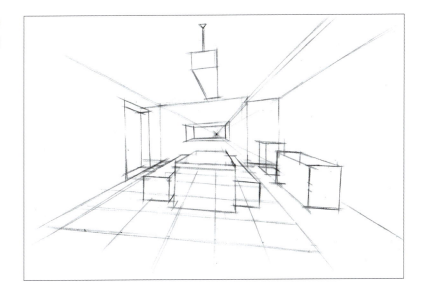

步骤 03 完成家具的具体造型及结构。用针管笔勾线。

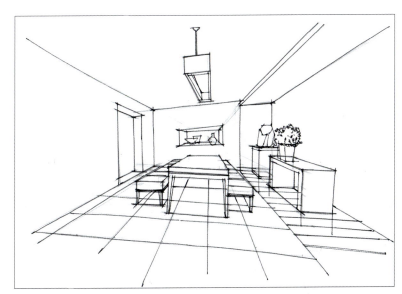

2. 应用案例二

步骤 01 与案例一不同的是，此案例中的内墙体倾斜的方向不一样，因为墙体倾斜的方向改变，所以消失点的位置也会随之变化。接下来的步骤都跟案例一基本一致。

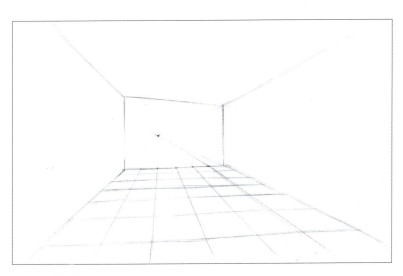

步骤 02 确定家具的位置及空间造型结构。

步骤 03 如果想要更准确地表现家具的造型及结构，可以先适当用铅笔勾画出来，这样后面用针管笔勾线时，就不容易出错。

步骤 04 使用针管笔勾线。在用针管笔或者钢笔进行勾线时，注意线条的流畅性。

步骤 05 完成最终效果图。在所有家具都绘制完成后，可适当增加一些家具阴影线条的排列，以及体现家具质感的线条，如表现沙发旁边的木质茶几木纹线条。

　　临摹快速表现案例是初学者进行徒手绘制空间练习的重要途径，可以通过这样的方式提高自己的手绘表现能力，营造空间感。

| 快速表现案例一 |

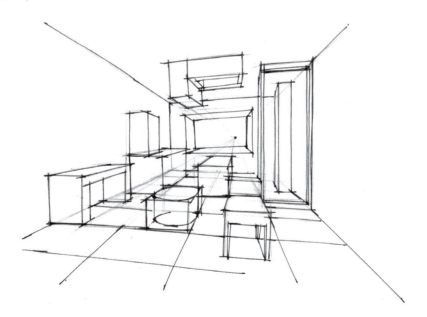

　　在临摹快速表现案例一时，要注意对整体空间倾斜角度的掌控，注意家具结构线条与整体空间倾斜角度的关系。一点斜透视相对于一点透视和两点透视来说，它的不规律性比较大，所以在概括家具的几何形体时，更多的是要靠我们的经验去快速判断家具结构线条与整体空间透视之间的关系。

铅笔起稿与针管笔勾线相结合的练习方式，可以为之后的学习打好基础。

3.4.5　一点斜透视空间的常见错误及注意事项

一点斜透视相较于一点透视和两点透视，表现起来需要有一些经验，不然就容易出现下面这两种情况。

下图可以说是一点透视，但不是一点斜透视。

下图墙体的斜度过大，导致表现出来的家具在空间中显得不平稳，我们在表现一点斜透视时一定要把握好倾斜的角度。

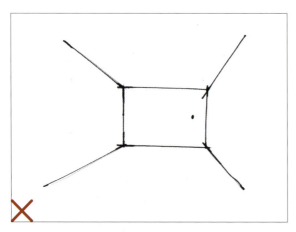

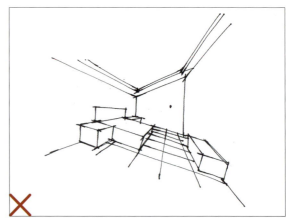

第4章

室内家具陈设

扫码观看视频

本章重点

用针管笔表现陈设练习在室内设计手绘表现中十分重要。本章通过讲解如何运用针管笔表现室内空间家具陈设的形体关系及明暗关系，让初学者能够快速掌握各物体的表现技巧，为之后的马克笔上色表现奠定基础。

4.1 室内陈设概述

室内陈设是指室内空间中的各种物品的陈列与摆设。陈设品的范围非常广泛，内容极其丰富，形式也多种多样。它对室内空间形象的塑造、气氛的表达、环境的渲染起着锦上添花、画龙点睛的作用。

4.2 陈设的质感表现

下面我们先来学习几种常见陈设的质感表现方法。掌握了这样的一些线条表现，可以帮助我们更好地表现其他陈设。

4.2.1 布面的质感表现

1. 沙发布面的表现

常见的布艺沙发的质感是什么样的呢？在手绘表现的过程中如何将布艺柔软的质感表现出来呢？这是我们在绘制时需要思考的问题。

在用针管笔绘制时，线条要有一定的弧度与粗细变化，这样才能更好地体现布艺沙发的质感。

2. 抱枕布面的表现

首先我们要把基本的透视关系和形体关系弄明白。沙发布面的表现方法是基础，在沙发布面表现方法掌握得比较熟练的情况下，可以试着去学习抱枕布面的表现方法。

  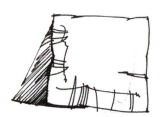

如上图所示，思考如何在二维空间里将平面中的方形变成有立体感、有质感的抱枕。这需要我们通过线条的粗细、长短变化及弧度来表现抱枕的质感。

3. 布面表现的特点

（1）线条柔软，造型明确。

（2）表现布面的线条的长短适宜、变化自然流畅。

| 抱枕综合练习一 |

| 抱枕综合练习二 |

4. 布面表现的常见错误

（1）线条僵硬。

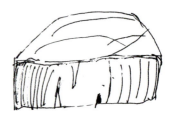

（2）明暗关系混乱，透视不正确，线条杂乱。

（3）线条不流畅、断断续续，未
表现出布面的质感。

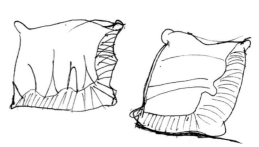

5. 布面表现的注意事项

（1）用笔时线条要流畅，不要断断续续。

（2）线条的粗细要均匀，不要出现一头重一头轻的情况。

（3）在手绘表现时应该多观察原物，在没有实际图片参考时要多思考，一定要先想好再开始画。一开始表现物体时，我们很难找到手绘的感觉，要通过不断地练习来体会手绘的感觉，所以只有多画才能掌握其中的方法，使画出的物体更加真实。

4.2.2 毛料的质感表现

1. 毛料的表现

在用针管笔画线条表现毛料时，更需要注意质感线条的表现。地毯毛料的线条整体上以小的短线及碎线为主，要注意线条的疏密变化。

| 毛料的综合表现 |

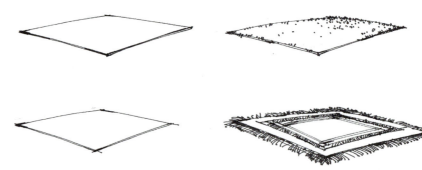

2. 毛料表现的特点

（1）圈线、点为表现质感的主要元素。

（2）圈线、点的分布不规律、大小不一，通过线条疏密的变化表现毛料质感细节。

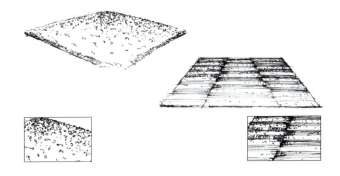

3. 毛料表现的常见错误

（1）透视关系不准确，表现质感的线条生硬。

（2）线条没有疏密变化，质感表现不到位。

4. 毛料表现的注意事项

（1）表现毛料质感时，线条的排列不要太过均匀、统一，一定要有长短、粗细变化，这样才自然。

（2）线条与毛料所在物体的形体结合时要注意虚实、疏密的变化。

4.2.3 木纹的质感表现

1. 木纹的表现

（1）常见木纹

前面学习的都是如何表现比较软的家具材质，而木头属于硬材质，所以在表现木纹时，用线要尽可能地干脆、利落，线条不要有弧度。

在表现一些有烤漆的柜子时，可以使用右图所示的表现方法。

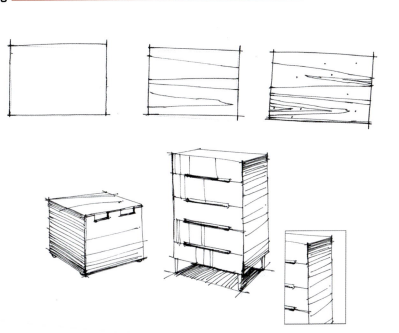

（2）特殊木纹

　　表现特别粗糙的木头的质感时，可以用右图中的这种线条，把木头的肌理纹路表现出来，还可以增加一些疤痕，这样表现会比较真实。

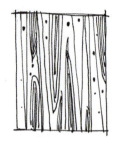

　　如果是木板，也可以用同样的方法来表现其质感。

2. 木纹表现的特点

　　（1）表现普通木纹对用笔没有特殊要求，只需表现出物体的深浅关系，且线条利落干脆，最后可以和颜色结合以体现家具的特点。

　　（2）表现特殊木纹则需要仔细观察物体，从物体的表面纹理、质感中提取主要特征进行表现。曲线可呈弧线形，层层递增；直线可通过粗细变化、细微转折来处理。

3. 木纹表现时的常见错误

　　（1）线条不够干脆，疏密关系不够明确，质感表现得也不够明确。

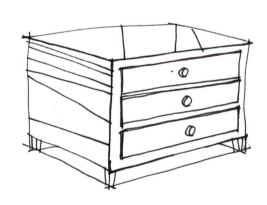

　　（2）线条过于生硬和夸张。

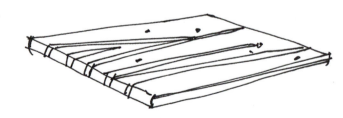

4. 木纹表现的注意事项

　　（1）表现普通木纹的线条一定要尽量直、有力度，这样才能体现木质家具的坚硬感。

　　（2）对于特殊木纹，在处理线条时要掌握好虚实关系和疏密的排列，以免造成画面乱、质感表现不明确的问题。

4.2.4 玻璃的质感表现

1. 玻璃的表现

玻璃也是家具和其他陈设中常见的材质，表现好玻璃的质感能让室内空间形象锦上添花。右图为用针管笔表现的几种玻璃示例。

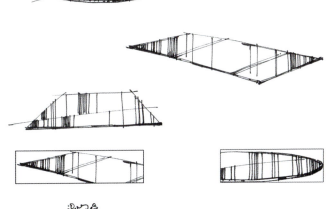

玻璃这种材质在茶几上的体现如右图所示。

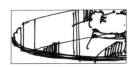

2. 玻璃表现的特点

表现玻璃质感的线条要垂直于画面，流畅、不间断。

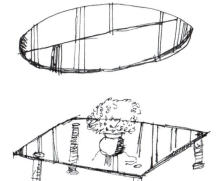

3. 玻璃表现的常见错误

（1）线条不够连贯、流畅，体现不出玻璃的质感。

（2）线条杂乱，没有力度。

以上是表现玻璃时最典型的错误，最大的问题出在线条和调子的排列上，所以在表现物体的质感时要有准备再下笔，不要盲目绘制。

4. 玻璃表现的注意事项

用笔的方向必须统一。一般为垂直线或斜线，线条要有力度，不能断断续续。

注意 表现质感时的注意事项如下。
（1）初学者在下笔之前先想好所要表现的材质类型。
（2）刚开始练习时最好是以临摹为主，这样就可以有参照物进行对比。
（3）绘制时要随时观察画面，不断调整，使材质质感表现得更加准确。

4.3 家具陈设的表现

　　单体家具是填充室内空间的基本元素，其中还包括一些配饰及绿植。在设计中针对室内空间的整体风格来搭配家具，是完善室内设计的重要因素。接下来将讲解与示范室内空间中所涉及的家具及陈设品的表现方法。希望大家能够通过本节的练习，让自己的手绘表现能力得到进一步提升。

4.3.1 单体家具的表现方法

　　我们先来了解一下单体家具的绘制步骤。

步骤 01 观察物体，确定大体形状。这一步至关重要，初学者可以先用铅笔起稿，等熟练以后再直接用针管笔起形。

步骤 02 用针管笔勾画出物体的外形及透视关系。把沙发具体的结构转折表现出来。

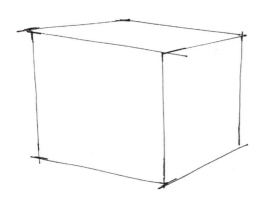

步骤 03 继续画出其他的家具。

步骤 04 分析物体的明暗关系，并用针管笔表现出家具的明暗关系及质感。注意阴影线条的排列，结合家具的透视关系和结构进行排线。

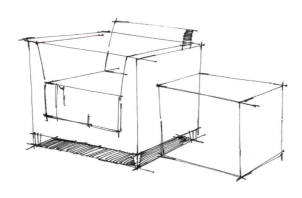

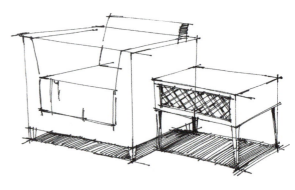

4.3.2 绿植的表现方法

1. 绿植表现方法

（1）凹凸线表现方法

因为表现时线条呈凹凸状，所以把这样的表现方法称为凹凸线表现法，这也是比较常见的方法。相对于其他的绿植表现方法，这是较为简单的一种方法，初学者比较容易掌握，可以用于表现叶片比较集中，或者叶片较多、较小的绿植。

（2）芭蕉叶归纳表现方法

需要用线条描绘出叶片的基本特征，不能太过生硬，也不能过于松散，要安排好叶片的前后大小及疏密关系。初学者在表现时可先用铅笔画出叶片的基本形态，然后再用针管笔勾线。这样的步骤表现，对于经验不足的初学者来说，能更大限度地保证画面的完整度，不会让画出来的绿植叶片显得杂乱，进而导致形态关系不准确。

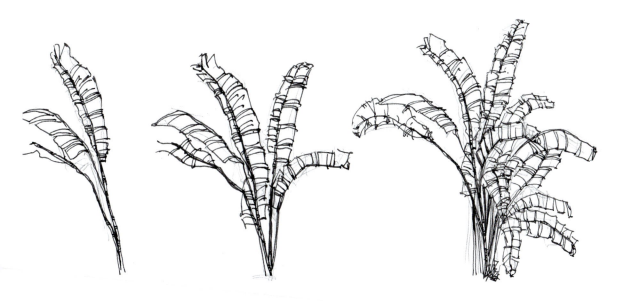

| 叶片的综合表现 |

以下展示了不同角度叶片的表现方法，可以通过此练习，表现出更立体的绿植。

| 绿植的综合表现 |

在表现绿植时要注意绿植的大体形态及特征。大叶的绿植要把每片叶子的形态画出来，小叶的绿植不用一片叶子一片叶子地画，可用一些线条、调子来整体绘制。

2. 绿植表现的常见错误

初学者容易犯如右图所示的几种错误，比如针管笔的表现过于死板，叶子的形状太卡通等。在绿植的表现上要多加练习，才能达到一定的效果。

3. 绿植表现的注意事项

（1）用笔不要太死板，应该放松、随意，但必须把绿植的叶子和根茎表现清楚。

（2）表现叶子时应该采用速写的方式，着重表现叶子的大小和疏密关系。

4.3.3 装饰瓶、灯具及装饰画的表现方法

1. 装饰瓶、灯具及装饰画的表现

这类饰品在整个室内设计中起着画龙点睛的作用。如果整体空间都表现得很好，但这类饰品画得不够漂亮，那么也会影响整体空间的效果。要想很好地表现装饰瓶、灯具及装饰画，则在手绘练习中一定要有量的积累，多加练习，这样才能取得好的效果。

　　初学者在表现这些小的装饰瓶、灯具及装饰画时，一开始可以多临摹一些，这样在遇到一些新的饰品时就可以轻松驾驭。

　　灯具的表现方法有很多种。由于室内空间中的灯具的风格、样式很多，在练习时可以采用从易到难的方式。

2. 装饰瓶、灯具及装饰画表现的常见错误

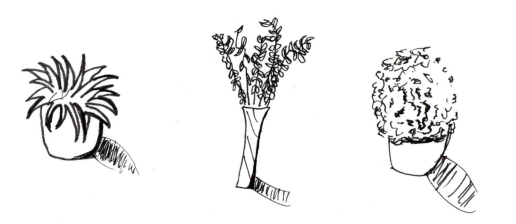

在刚开始表现时容易画成上图这样。这样表现出的物体会显得很假，形体关系不明确，线条也没有变化。

3. 装饰瓶、灯具及装饰画表现的注意事项

物品越小，细节越多，需要把一些细节进行归纳整理，通过针管笔线条的深浅排列、粗细变化把它们表现出来。

4.3.4 沙发的表现方法

1. 沙发的表现

绘制沙发时要注意表现沙发质感。

步骤 01 把沙发的大形画出来，注意透视要准。

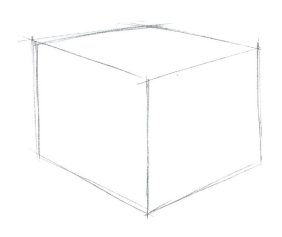

步骤 02 用铅笔把沙发的具体形状勾勒出来。

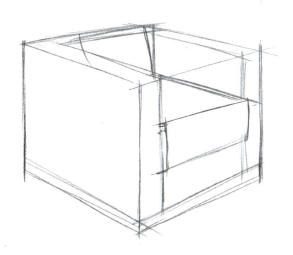

步骤 03 用针管笔给沙发勾线。勾线时尽可能地把沙发的质感表现出来，软的地方可以用一些弧线来表现。注意线条不要太僵硬，可参考布面质感的表现方式。

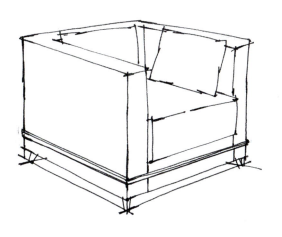

步骤 04 给沙发加一些阴影，表现出明暗关系。注意线条的排列方式及疏密关系。

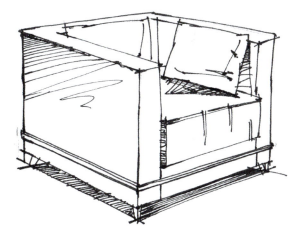

　　每个单体沙发表现案例旁边都有一个家具基本形。我们在表现家具时，若家具基本形的形体关系与透视关系准确，塑造其细节时就会相对容易一些。希望大家可以通过这样的训练方法提高自身的手绘表现能力。

| 单体沙发表现一 |

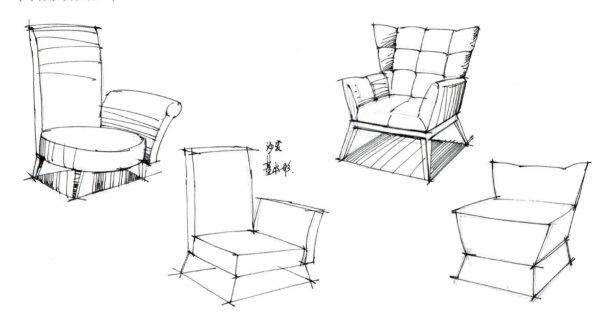

| 单体沙发表现二 |

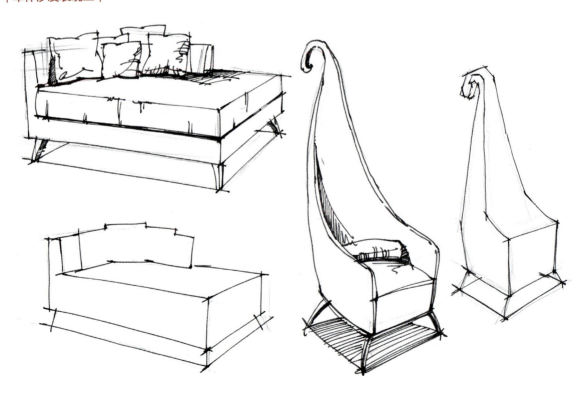

| 单体沙发表现三 |

| 单体沙发表现四 |

| 沙发综合练习一 |

| 沙发综合练习二 |

2. 沙发表现的常见错误

（1）透视关系错误。

（2）表现明暗关系和调子的线条
凌乱，没有规律，体现不出沙发
的质感。

3. 沙发表现的注意事项

（1）一定要准确体现沙发轮廓和透视关系。初学者一定要在开始时就准确把握透视关系。透视关系不准确会直
接影响后面对沙发形体的表现。

（2）把物体的明暗关系分析准确。

（3）对于轮廓线和阴影线条的排列，初学者在表现时可以多找一些参考资料，确定好了再下笔。

4.3.5 单体椅子的表现方法

接下来学习单体椅子的表现方法，椅子的结构相对于沙发来说要复杂一些，但二者的透视关系和表现方法大致相同。

1. 单体椅子的表现

单体椅子表现一

右图中的结构透视图表现的是椅子的基本透视关系。在透视关系表现准确后，添加椅子的具体结构与细节，这样会更准确地表现物体的基本形体。

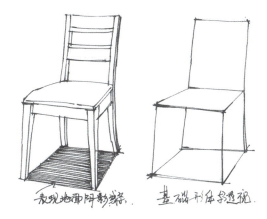

表现地面阴影线条　　　基础形体透视

单体椅子表现二

不同形态、样式的椅子的结构是不一样的，但透视关系规律基本一致。掌握透视关系规律，加强临摹练习，有助于熟练掌握椅子的透视表现技巧。

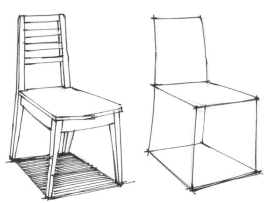

单体椅子综合练习一

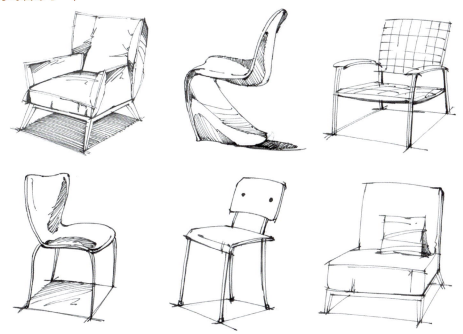

| 单体椅子综合练习二 |

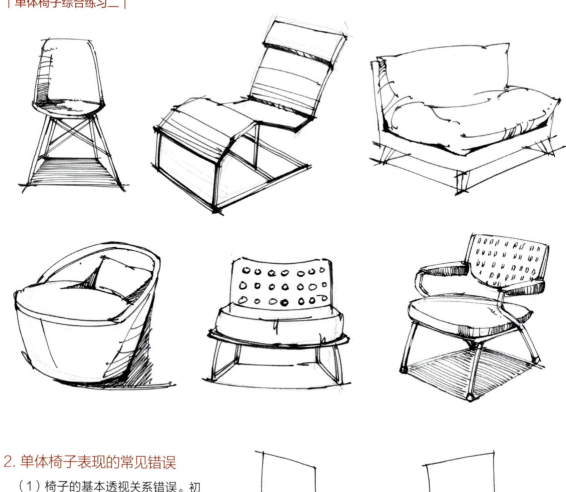

2. 单体椅子表现的常见错误

（1）椅子的基本透视关系错误。初学者很容易把椅子的基本透视关系画成右图所示的情况。

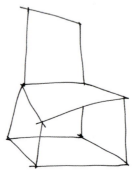

（2）椅子腿的结构与透视关系不协调，整个椅子的形体结构表现不明确。

4.3.6 茶几的表现方法

1. 茶几的表现

表现茶几时可以结合玻璃质感的表现来练习，注意把握好透视关系与茶几的结构转折。

2. 茶几表现的常见错误

（1）初学者在表现茶几的透视关系时容易出现如下图所示的情况。这样的透视虽然看上去不会有太大的问题，但是会给人一种不平稳的感觉。

（2）线条没有变化、形不准、线条断断续续。

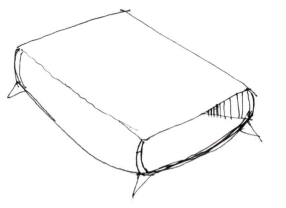 

3. 茶几表现的注意事项

（1）表现玻璃茶几时要注意调子线条的用笔方向。

（2）下笔必须快速、准确，线条不能有间断。

（3）通过线条排列把黑白灰关系明确表现出来，不然物体没有质感，造型也不明确。

4.3.7 单体床的表现方法

1. 单体床的表现

床体的表现与沙发的表现有很多相似的地方。例如，它们都是从一个方体开始表现的。只是在表现床体时，布褶要尽可能表现得整体一些，过于琐碎的线条会让画面看起来比较乱。

步骤 01 用铅笔确定床体的透视关系及外形。

步骤 02 用铅笔画出床上的抱枕和床盖，再进一步完善床体细节。

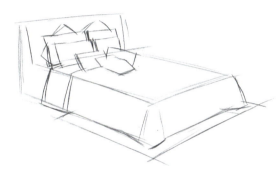

步骤 03 用针管笔勾线，先用铅笔起稿，再用针管笔勾线能比较准确地表现形体关系。注意质感线条不要过于生硬死板，一定要体现出床盖和抱枕的柔软质感。

步骤 04 结合床体的阴影关系，通过线条的粗细、深浅变化将床体加以完善。注意形体的塑造。

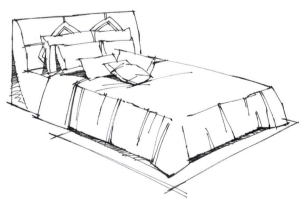

| 床体综合练习 |

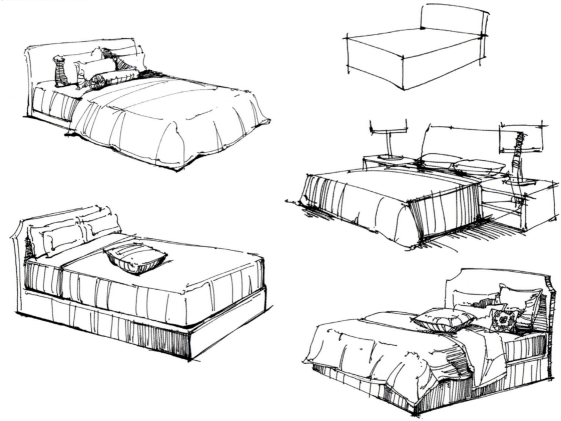

2. 单体床表现的常见错误

（1）透视关系不准确，床上抱枕的线条过于凌乱，没有表现出质感。

（2）床体暗部的线条画得僵硬，没有变化，导致明暗关系不明确。

（3）床体上的床盖是初学者比较难表现的一点，表现得不到位时就会出现如右图所示的情况。

3. 单体床表现的注意事项

（1）透视关系要把握准确，画出来的效果应是正常人眼所看到的平视效果，不要画出俯视效果。

（2）质感线条的表现尤为重要，床上的抱枕和大面积的布艺床盖是重点，注意线条的柔软度。

（3）表现床盖时，对布褶线条的把握尤为重要，在表现这些线条时也要结合整体的明暗关系。

4.3.8　单体家具表现行业应用案例

　　本小节将展示一些单体家具表现行业应用案例，这些单体家具的表现方法跟之前的案例有所不同。前面展示了家具陈设的具体表现方法和基础的家具练习。对于初学者来说，基础的练习是重点。有了前面练习的内容作为基础，本小节将提升初学者手绘技法表现能力。希望初学者通过学习和临摹，提高手绘表现的速度，掌握快速表现家具的技巧。

| 单体家具应用案例一 |

　　对于初学者来说，一开始就直接用针管笔或者钢笔来表现会有一些难度，所以在练习行业应用案例表现之前，一定要先学习前面基础的表现方法，通过一段时间的练习，达到本小节内容的练习要求。

| 单体家具应用案例二 |

　　在快速表现单体家具的同时，可适当用文字描述家具的材质或者颜色，这样的表现方法在实际工作中会经常出现。绘制家具时，线条要适当地放松一些，呈现出比较自然的状态，有的线条表现可能不是那么准确，但只要不影响家具本身的表现效果即可。

| 单体家具应用案例三 |

　　本小节训练的重点是提高手绘表现的速度，快速把握家具陈设的形体关系和简单的明暗关系，为后续的行业应用表现打下良好的基础。

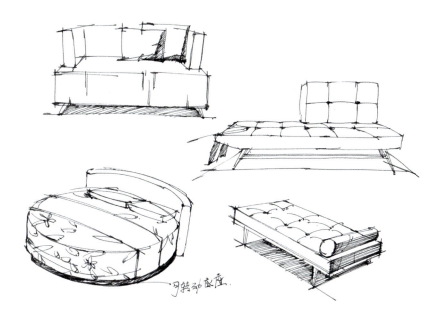

| 单体家具应用案例四 |

　　不同风格样式的家具，其表现方法也有所不同，这里给大家提供了多样的表现案例，希望大家能通过表现练习，提高自身的手绘表现能力。

| 单体家具应用案例五 |

下图为卫浴空间类家具表现，它们的线条及结构表现较为简练，希望大家能通过不同材质家具的练习，提高表现家具质感及形体关系的准确度。

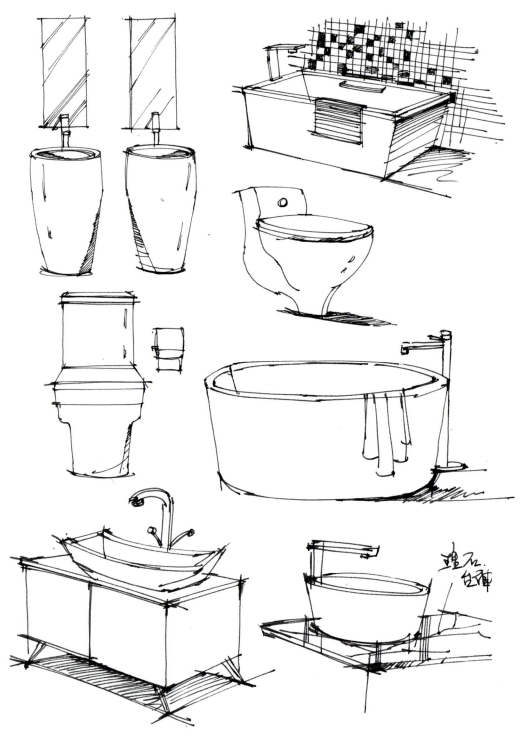

初学者在临摹本小节案例时，要尽量不用铅笔起稿，并将一个单体家具的绘制时间控制在5分钟以内。通过不断地练习，做到熟能生巧，掌握透视关系、形体结构的基本表现方法。

4.4 组合家具的表现

　　本节在单体家具的基础上增加了难度，因为在之后所表现的空间里，家具都是以组合形式出现的，所以这需要我们加强对家具透视关系、质感线条、明暗关系的综合练习，不断提高手绘表现的基础能力。

4.4.1 组合家具的表现步骤

步骤 01 确定整体的透视关系，大的形体的透视关系一定要准确。每一条线看似简单，但一定都要准确地表现出来。

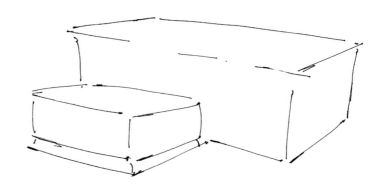

ℹ️ **注意** 在一开始表现两个几何形体的透视关系时，两个几何形体的消失点的方向应是一致的。

步骤 02 根据整体透视关系画出物体的结构造型。这一步也是对家具外观特点的表现。如果已经熟练掌握了对单体家具的表现，那么成组的家具表现也是使用同样的方法。

步骤 03 深入刻画细节，结合光影表现家具的质感和明暗关系。最后将家具完整地表现出来。

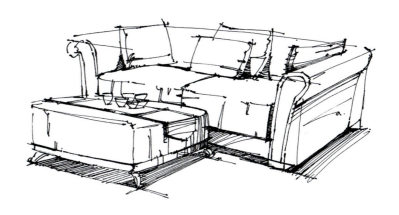

4.4.2　沙发组合的表现方法

1. 沙发组合的表现

通过大量的组合家具绘制练习，熟练掌握知识点。

｜沙发组合的表现案例一｜

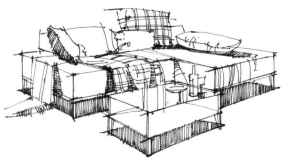

｜沙发组合的表现案例二｜

休闲椅和茶几的组合在室内空间中十分常见。通过临摹下面的案例，熟悉不同家具组合表现方法。

｜沙发组合的表现案例三｜

在画好沙发的形体关系之后，可以用粗一点的针管笔将沙发座与垫子的交接处线条加深、加粗，对结构进行强调。

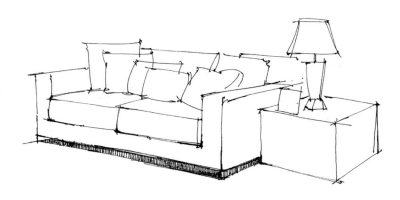

最后通过线条的排列，表现物体的质感并塑造明暗关系。

沙发组合的表现案例四

在表现单色藤制沙发的质感时，一定要结合光影关系及疏密变化来排列线条，这样表现出来的沙发才更加真实。线条排列过多会显得沙发没有立体感；线条排列过少，质感表现得又不够真实。

在画右图这种形状的沙发时，要注意线条不能过于生硬，有弧度的地方就应该用弧线去表现。

注意 对于质感线条的排列，特殊材质的沙发与普通沙发是不一样的，藤制沙发的质感线条可以像右图一样去表现。表现特殊材质的沙发时，一般用的都是短线。

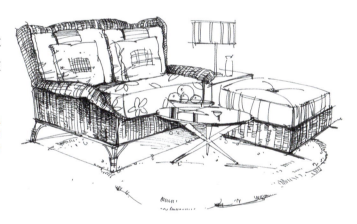

2. 沙发组合表现的常见错误

（1）从右图可以看出，几个"方盒子"的透视关系不是一样的，所以在此基础上表现出来的家具也会有形体不准的问题，在表现时要注意。

（2）质感表现问题。前面讲单体沙发的具体表现方法时已经讲解过，这里不再赘述。

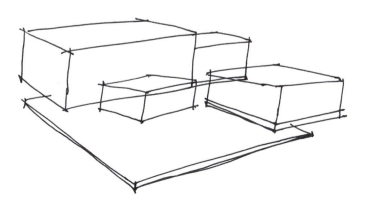

4.4.3 床体组合的表现方法

1. 床体组合的表现

| 床体组合的表现案例一 |

步骤01 用针管笔画出组合床体。注意，床和床头柜的透视关系一定要相似，不能有太大的偏差。

步骤02 结合形体关系，用线条塑造家具造型及质感。

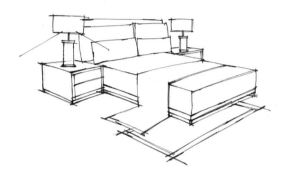 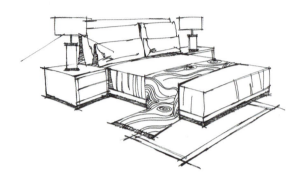

| 床体组合的表现案例二 |

2. 床体组合表现的常见错误

（1）整体透视关系不统一。这是初学者在表现组合家具时最容易出现的问题。

（2）床体质感和线条的表现不够充分。

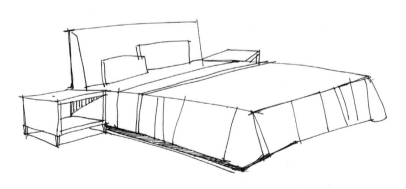

4.4.4 桌椅组合的表现方法

1. 桌椅组合的表现

表现桌椅组合相比表现其他组合家具要难一些，因为桌椅的腿比较多，结构也较复杂，所以在表现时要注意对整体透视关系和结构的把握。

步骤 01 准确把握地面位置的透视关系。这一步直接影响后面对整体家具的表现。这里表现的是两点透视的桌椅，注意线条的消失方向是否准确。

步骤 02 所有家具的大形都离不开几何形体，要在这样的几何形体里把桌椅的大致形体表现出来。

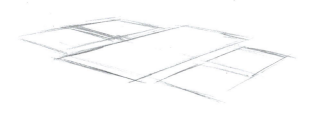

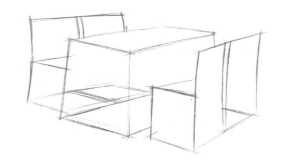

步骤 03 表现家具的具体形体。要尽可能地把家具的特征和细节表现清楚。

步骤 04 排列阴影线条。可以加一些线条以体现物体的质感。

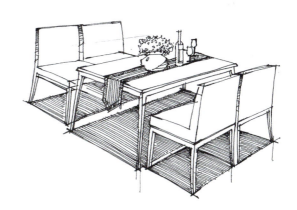

| 桌椅组合表现案例 |

在表现桌椅组合时，要注意整体的透视关系及家具本身结构的统一性，单体的透视关系要与组合整体的透视关系相协调。

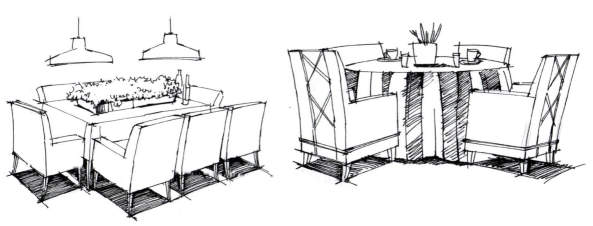

2. 桌椅组合表现的注意事项

初学者在表现桌椅组合时，透视关系是一个难点。如果透视关系把握得不准确，那么家具的形体也会出现问题。

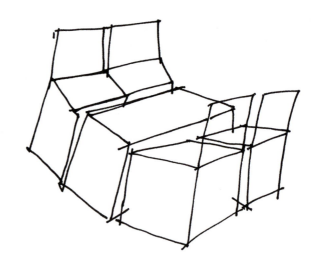

4.4.5　组合家具表现行业应用案例

本小节主要呈现的是实际工作中的一些应用案例。用比较简单的线条呈现出家具的结构与形体，简单、快速地表现组合家具。

通过练习，希望大家能把快速案例的表现技巧运用到实际的工作当中，如在构思一些设计想法时，或者与客户进行交流时，能够快速表现和记录自己的设计构想。

1. 沙发组合应用

| 沙发组合应用案例一 |

本案例的图中文字描述了家具的颜色与材质。对于快速表现行业应用案例来讲，用简单的线条来呈现家具本身的结构及形体即可。

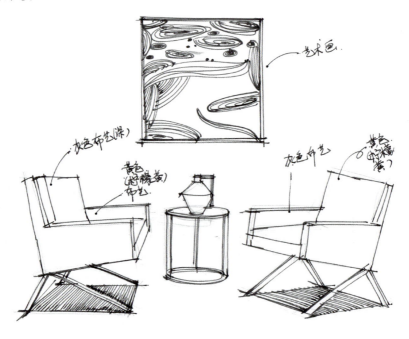

| 沙发组合应用案例二 |

　　临摹本案例时要注意家具之间的比例与大小关系，还有整个组合的协调性。

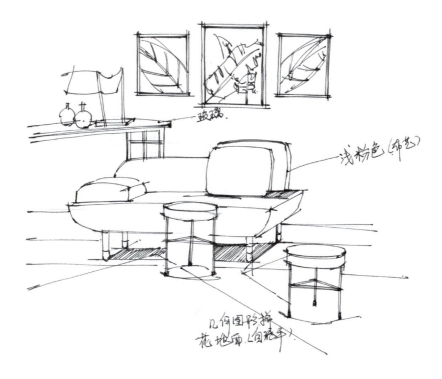

| 沙发组合应用案例三 |

　　本案例中可以看到后面的两幅装饰画与整体组合家具的透视关系不协调，但在快速表现行业应用案例中可以有这样的表现效果，能清晰体现组合家具的整体设计效果即可。

| 沙发组合应用案例四 |

这两套沙发组合，家具风格样式都比较经典。临摹经典家具造型，能为我们之后的设计积累一些经验。

| 沙发组合应用案例五 |

本案例的表现难点在于沙发与沙发上的抱枕之间的透视和位置关系。临摹时可先用铅笔确定抱枕与沙发之间的透视和位置关系，再进行下一步的勾线处理。

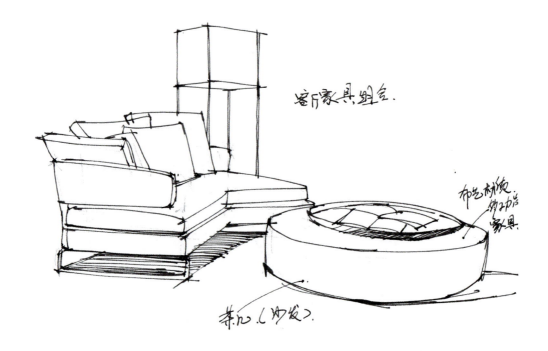

2. 桌椅组合应用

| 桌椅组合应用案例一 |

　　对于行业应用案例表现来说，用简洁的线条表现出桌椅的结构和形体关系即可。这样快速简洁的线条表现，也能够体现设计者的设计思路和想法。

| 桌椅组合应用案例二 |

　　本套桌椅组合的表现难点在于要将4把椅子的透视关系组合在一起，形成家具的围合感。技巧在于把控好整体组合透视线条的走向，画每把椅子的结构线条时，对照参考桌子每条边的线条的走向。

| 桌椅组合应用案例三 |

　　本案例表现的是休闲区域中的桌椅组合，在行业应用中，可以用简洁的线条去表现地板、椅子等的细节。

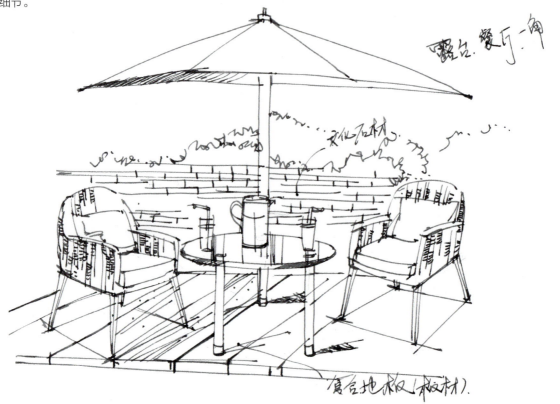

| 桌椅组合应用案例四 |

　　本案例表现的是整体桌椅组合，在临摹时要注意表现出各家具的结构。

3.卧室组合家具应用

|卧室组合家具应用案例一|

　　本案例外围为玻璃材质，可使用简单的斜线来表现，但线条不宜过多，要掌握好线条的疏密关系，不然容易破坏整体画面效果，也会影响材质质感的表现。

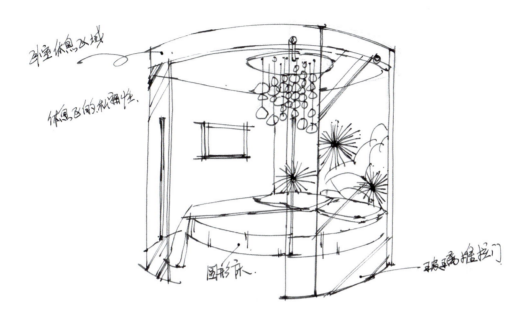

|卧室组合家具应用案例二|

　　该卧室空间中，床的造型较为特殊，可将床作为重点表现对象。在床的周围随意搭配几件家具，以体现卧室组合家具的完整性。

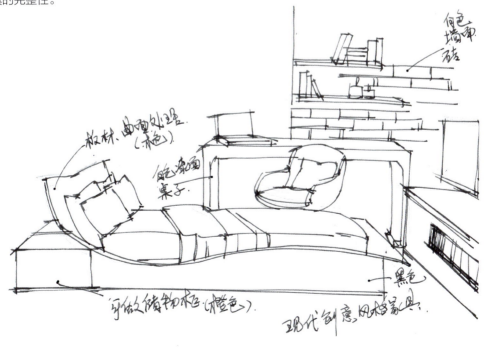

4. 卫浴组合家具应用

| 卫浴组合家具应用案例一 |

卫浴组合家具的风格造型决定空间的整体效果，在设计卫浴空间时要注意对卫浴家具的选择及材质搭配。

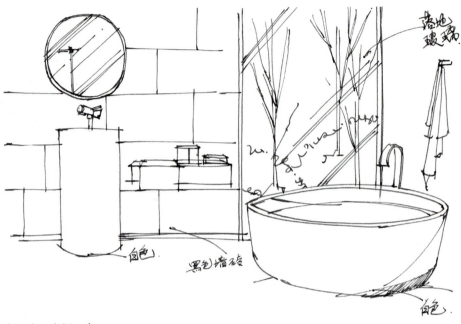

| 卫浴组合家具应用案例二 |

弧形墙体的墙面为马赛克造型，形成空间里的视觉焦点。在行业快速表现中，线条可以适当随意一些，但也要注意线条的疏密关系及排列。

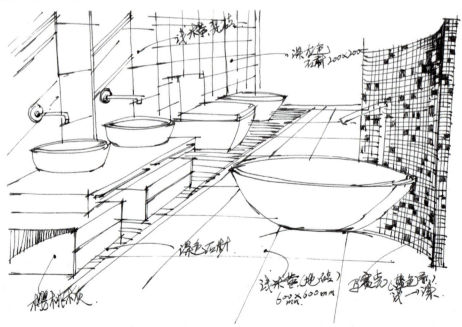

大家可以将本小节内容作为临摹练习案例，一个案例临摹的时间最好控制在10分钟以内，表现的方法和步骤因人而异。在临摹时也可加入自己的一些设计想法，提前把手绘快速表现运用在实际操作中。这样既可以提高大家的手绘表现能力，也能将案例练习和实际设计工作接轨。

第 **5** 章
马克笔、彩色铅笔
的特性与用法

扫码观看视频

本章重点

颜色在室内设计手绘效果图表现中占据着重要的地位，学会用马克笔、彩色铅笔快速表现
陈设是本章学习的重点。对于初学者来说，上色也是难点，包括掌握色彩的基础知识、马
克笔的运用、用笔的力度及速度等。关于颜色的搭配，需要我们经过反复不断地练习，拥
有丰富的经验，才能使颜色与我们设计出的空间完美结合。

5.1 色彩基础知识及常用色笔的色彩特点

在用马克笔和彩色铅笔对家具进行上色之前，要先对色彩的基础知识进行学习与了解，需要掌握色彩的三要素、色彩的冷暖对比、马克笔的常用色系等知识。掌握了基础知识才能更好地在实践中运用手绘上色工具。

5.1.1 色彩的三要素

1. 色相

色相是色彩的显著特征，能够比较确切地表示某种颜色色别的名称。例如，红、黄、蓝、绿、橙等。

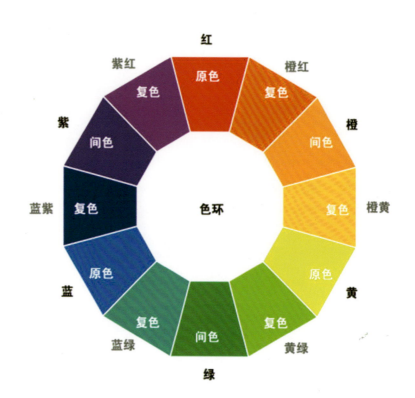

2. 明度

明度即色彩的明暗程度，又称光度、亮度或明暗度。光线反射率较高时，明度较高。明度最适合用于表现物体的立体感与空间感，它是色彩的骨架，是色彩结构的关键。

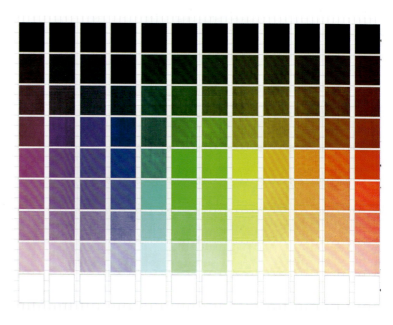

3. 纯度

纯度是指色彩的鲜浊程度。纯度的变化可以通过三原色互混产生，也可以通过加白、加黑、加灰产生，还可以通过补色相混产生。色相感越明确、纯净，其色彩纯度越高，反之，色相感越灰则其色彩纯度越低。

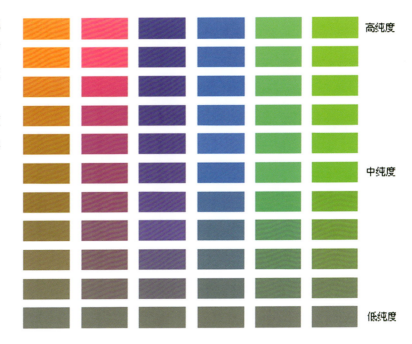

5.1.2 色彩的冷暖对比

色彩的冷暖是根据人的心理感受而形成的一种视觉感知，人们把颜色分为暖色调和冷色调。例如，红、橙、黄为暖色调，蓝、紫、青为冷色调。在绘画与设计中，暖色调给人以亲密、温馨之感，冷色调给人以距离、冷酷、凉爽之感。冷暖的对比在绘画及设计中使用得极为广泛。人们通过空间中色彩的冷暖对比，达到所想要呈现的空间视觉效果。

下面是冷暖色调不同的两个空间画面，放在一起产生了视觉对比，给人不同的视觉感受和想象空间。

 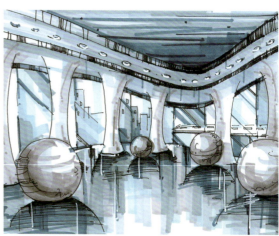

5.1.3 马克笔的常用色系

很多初学者面对复杂的马克笔颜色会不知所措，下面为大家介绍一下常用的马克笔颜色以及这些颜色在室内设计手绘表现中的运用。

首先，了解一下马克笔的品牌和颜色，Touch牌马克笔较为常用，这款笔的颜色多达140多种，但这些颜色在绘画时不会全部都用到，室内设计手绘表现中常用的颜色大概有50多种。其次，在运用这些颜色之前，我们要知道笔杆上的编号代表什么，这样才能找准颜色下笔。一般来说，灰色系笔号的数字前面会带有英文字母，WG代表暖灰，CG代表冷灰，BG代表深灰（深灰是偏蓝的一种灰），GG代表中性灰（中性灰是偏绿的一种灰），其他的色号会根据颜色变化而依次排序。初学者可以在绘画之前做一个色卡表，这样有助于找准颜色，进行颜色的搭配。下面为大家介绍常用色系。

TM-28 fruit pink	TM-142 pale cream	TM-88 purple grey	TM-4 vivid red	TM-97 rose beige	TM-36 cream	TM-59 pale green	TM-61 peacock green	TM-70 royal blue	TM-67 pastel blue	TM-92 chocolate	TM-GG1 green grey 1	TM-CG0 cool grey 0	TM-WG0 warm grey 0
TMB-135 pale cherry pink	TM-25 salmon pink	TM-6 vivid pink	TM-12 coral red	TM-7 cosmos	TMB-141 buttercup yellow	TM-56 mint green	TM-57 turquoise green light	TM-74 brilliant blue	TMB-145 pale lavender	TM-95 burnt sienna	TM-GG3 green grey 3	TM-CG1 cool grey 1	TM-WG1 warm grey 1
TMB-136 blush	TM-139 flesh	TM-86 vivid reddish purple	TM-11 carmine	TMB-140 light orange	TM-45 canaria yellow	TM-55 emerald green	TM-65 ice blue	TM-71 cobalt blue	TMB-146 mauve shadow	TM-96 mahogany	TM-GG5 green grey 5	TM-CG2 cool grey 2	TM-WG2 warm grey 2
TMB-132 milky white	TMB-137 medium pink	TM-87 azalea purple	TM-15 geranium	TM-23 orange	TM-37 pastel yellow	TM-54 viridian	TM-58 mint green light	TM-72 napoleon blue	TM-84 pastel violet	TM-93 burnt orange	TM-GG7 green grey 7	TM-CG3 cool grey 3	TM-WG3 warm grey 3
TMB-131 skin white	TM-9 pale pink	TM-85 vivid purple	TM-13 scarlet	TM-31 dark yellow	TM-35 lemon yellow	TM-52 deep green	TM-68 turquoise blue	TM-62 marine blue	TM-83 lavender	TM-91 natural oak	TM-GG9 green grey 9	TM-CG4 cool grey 4	TM-WG4 warm grey 4
TMB-133 baby skin pink	TM-17 pastel pink	TM-2 old red	TM-16 coral pink	TM-41 olive green	TM-44 fresh green	TM-50 forest green	TMB-143 mint blue	TM-69 prussian blue	TM-82 light violet	TM-94 brick brown	TM-BG1 blue grey 1	TM-CG5 cool grey 5	TM-WG5 warm gray 5
TMB-134 raw silk	TMB-138 light pink	TM-1 wine red	TM-14 vermilion	TM-24 marigold	TM-49 pastel green	TM-51 dark green	TM-77 pale blue	TM-73 ultra marine	TM-81 deep violet	TM-100 walnut	TM-BG3 blue grey 3	TM-CG6 cool grey 6	TM-WG6 warm grey 6
TM-26 pastel peach	TM-8 rose pink	TM-3 rose red	TM-22 french vermilion	TM-33 melon yellow	TM-48 yellow green	TM-42 bronze green	TM-66 baby blue	TM-76 sky blue	TM-98 chestnut brown	TM-101 yellow orche	TM-BG5 blue grey 5	TM-CG7 cool grey 7	TM-WG7 warm grey 7
TM-29 barely beige	TM-89 pale purple	TM-10 deep red	TM-21 terre cotte	TM-32 deep yellow	TM-47 grass green	TM-43 deep olive green	TM-63 cerulean blue	TMB-144 pale baby blue	TM-99 bronze	TM-104 brown grey	TM-BG7 blue grey 7	TM-CG8 cool grey 8	TM-WG8 warm grey 8
TM-27 powder pink	TMB-147 pale lilac	TM-5 cherry pink	TM-103 potato brown	TM-34 yellow	TM-46 vivid green	TM-53 turquoise green	TM-64 indian blue	TM-75 dark blue light	TM-102 raw umber	TM-120 black	TM-BG9 blue grey 9	TM-CG9 cool grey 9	TM-WG9 warm grey 9

1. 暖灰色系

　　暖灰色系在室内设计手绘表现中的使用率很高，常用于表现偏暖的室内空间墙体、地面及陈设。暖灰色系中的颜色不仅能单独使用，还能跟其他颜色搭配，作为打底色使用，这样可使物体颜色看起来更加真实、柔和。

WG1　WG3　WG5　WG7　WG9

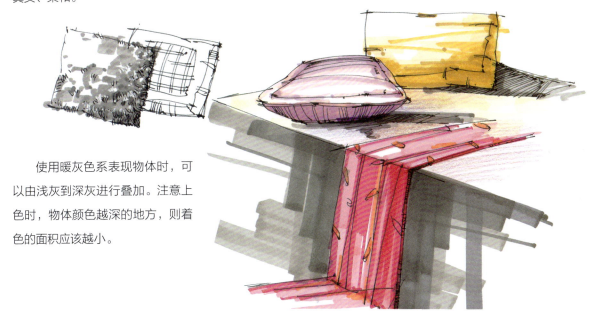

　　使用暖灰色系表现物体时，可以由浅灰到深灰进行叠加。注意上色时，物体颜色越深的地方，则着色的面积应该越小。

2. 冷灰色系

　　冷灰色系常用于表现偏冷的室内空间及陈设，也可以跟暖灰色系搭配，形成冷暖的对比。

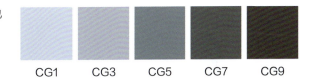

CG1　CG3　CG5　CG7　CG9

3. 深灰色系

　　深灰色系可以用于表现很多物体，可以单独使用，也可以用于加深墙体、家具等的暗部，颜色比较沉稳。

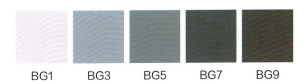

BG1　BG3　BG5　BG7　BG9

　　深灰色系也可以用于表现特殊的室内材质，如玻璃和不锈钢等。

4. 中性灰色系

这种灰色稍微偏绿一点，有些初学者在画白色或者灰色的大面积墙体时，会用这种灰色，这样会使墙面看起来发绿，效果可能跟我们预想的有差别，所以用中性灰时要先思考清楚再下笔。

GG1   GG3   GG5

5. 黑色

在整个效果图中一般不会大面积使用黑色。黑色常用于强调转折与结构，体现明暗关系对比，从而呈现立体的空间效果。

120

6. 绿色系

在室内设计手绘表现中，绿色系也是必不可少的。除了可以用来表现绿植外，也可以用于陈设、空间的表现。除了下面罗列的绿色外，175和55也是常用的颜色。

给室内绿植上色就可以用罗列出的几种颜色进行搭配。

48   47   43

42   50

7. 黄色系

黄色系中色号不同，颜色的深浅和纯度也不同，这便于我们表现不同材质的家具及装饰。除了下面列出的颜色外，26和22也是常用的颜色。

沙发上面比较重的颜色就是22号，纯度比较高的颜色在表现时可以用概括性的笔触去画，不用全都涂满。

141　　45　　32　　34

8. 棕色系

　　棕色系是比较沉稳的颜色，木制家具、地板和墙面等的造型都离不开它。除了下面列出的颜色外，95号和96号等棕色，在表现时也会用到。

　　图中柜子的主要颜色就用到了棕色系，木制质感家具的底色一般可以用浅黄色。

97　　92　　103　　104

101　　102

9. 红色系

　　红色系的纯度相对来说较高，如果在室内空间设计手绘时遇到大面积红色，则一定要注意对整体空间色调和纯度的控制，因为颜色过于鲜艳会显得空间不够真实。

　　红色系中的颜色常用于点缀，如果不用于表现特殊空间，一般不会大面积使用。

1　　4　　7　　9

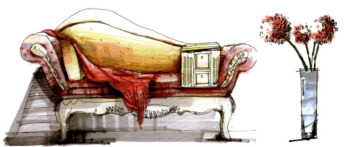

5.1.4　彩色铅笔的色彩特点

　　我们一般会选择水溶性的彩色铅笔，这是因为它的颜色柔和，在和马克笔搭配使用时，二者的笔触能很好地融为一体。彩色铅笔的颜色丰富、细腻，可以层层叠加，形成画面的层次感，笔触可粗可细，能起到很好的过渡作用。

　　一般在表现时，彩色铅笔都是和马克笔结合使用的。当然彩色铅笔也可作为单独的上色工具来表现手绘草图，还可以在针管笔或钢笔线稿上上色。上色时可以像素描一样排线，容易掌握，而且覆盖力强，可随意调配颜色，画面有厚重感。缺点是单独使用彩色铅笔上色的速度比用马克笔慢很多，出效果慢，需要一定的时间去深入刻画。因此，大多数情况都是彩色铅笔和马克笔结合使用，这样可以弥补马克笔颜色单一、笔触较硬的缺陷，也能衔接马克笔笔触之间的空白。

5.2　马克笔和彩色铅笔的笔触

　　马克笔的笔触是学习重点，也是学习难点，彩色铅笔则在手绘表现效果图中起辅助作用。在这之前我们为了熟悉手绘工具，练习过画马克笔线条，下面讲解马克笔及彩色铅笔的笔触技法，并进行综合性的排线练习。

5.2.1　马克笔的笔触

1. 平行用笔法

　　平行用笔是一种比较普通的方法。线条简单地平行或垂直排列，为画面建立秩序感，增强画面的整体性。

注意 在马克笔线条的练习部分提到过用笔速度的问题，在纸上用笔时速度不能过慢，速度过慢笔触就会不清晰，颜色会晕在纸上。

平行用笔法笔触工整、具有一定秩序感，适合塑造大面积物体，如下图所示。

平行用笔法还可以表现物体和空间的颜色变化，将平行的下笔方向稍改变一下，再配合线条粗细、疏密的变化，概括表现出颜色过渡。另外要注意，随着线条的间距加大，笔触也要越来越细，这就需要我们调整笔头，熟练地用笔。

使用这种笔法要注意线条的斜度变化，细线部分可用马克笔笔头来画，但要注意，细线不可过多，不然画面会显得琐碎。

2. 叠加用笔练习

　　笔触的叠加是马克笔上色中常见的表现方式，它能使画面色彩丰富、过渡清晰、层次丰富。为了强调效果，往往都会在第一层颜色铺完之后，再用同一色系的马克笔叠加一层。

> **注意** 叠加第二层颜色时不要选择比第一层浅的颜色，因为这样叠加出来的效果不明显。

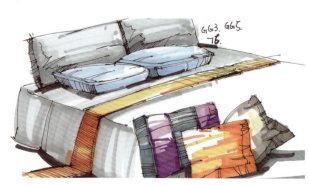

5.2.2　彩色铅笔的笔触

　　彩色铅笔的笔触相对于马克笔的笔触要简单许多。在上色过程中，用笔尽可能均匀，可以平铺，也可以随意叠加颜色，起到调色的作用。

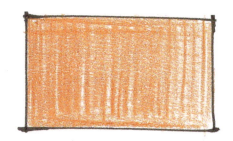

彩色铅笔与马克笔搭配使用的效果如下图所示。

5.3 家具陈设的上色表现方法

很多初学者一开始接触马克笔上色的时候会觉得难。有美术基础的学员会更容易接受一些，没有美术基础的学员就会觉得无从下笔。下面将重点讲解马克笔上色的一些方法，只要我们熟悉了这些方法，勤于练习，那么上色就会变得很容易。

5.3.1 几何体的上色表现方法

1. 几何体的上色表现步骤

要想物体颜色有层次感，颜色的深浅叠加尤为重要。

步骤 01 第一层颜色为底色，一般会用灰色系或者浅色打底。

步骤 02 第二层颜色可以为深色，一般为物体本身的颜色。

注意 在上第二层颜色时不要把第一层的颜色全部覆盖，要留出一部分第一层的颜色，如果全部覆盖就不会有层次感了。

步骤 03 第三层颜色一般为重色，用于加深暗部，塑造物体的立体感和空间感。注意笔触的疏密、粗细变化。

注意 马克笔上色要适当留白，颜色越深，其上色区域越小，这样才能体现物体颜色的层次感。一般画完后能够明显看出颜色的渐变感。马克笔颜色叠加最好不要超过3种（特殊材质除外），不是叠加得越多越好，颜色多了反而会使画面显得脏、乱。

2. 几何体的上色表现案例

|几何体的上色表现案例一|

|几何体的上色表现案例二|

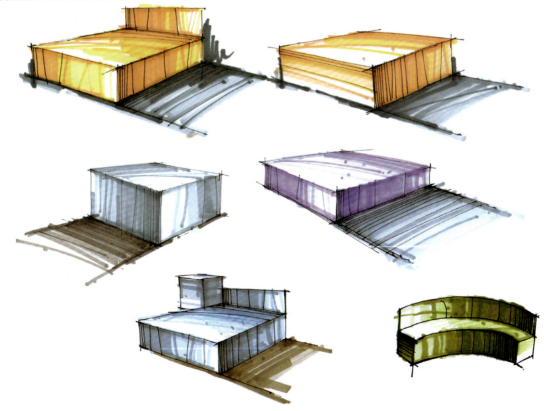

5.3.2 装饰物的上色表现方法

1. 装饰性绿植的上色表现步骤

步骤 01 绿植线稿画好后，用48号马克笔上第一层颜色。要跟随叶子的形状走向进行上色。

步骤 02 用47号马克笔继续加深叶子的颜色，在加深过程中注意处理暗部，不要把第一层颜色全部覆盖了。

步骤 03 用43号和50号马克笔继续加深叶子的颜色，注意这两个颜色的上色区域的比例。花盆的颜色可以根据实物的颜色来定。最后用BG7号和BG9号马克笔给物体加上阴影，使物体变得更加真实。

2. 装饰性绿植的上色表现案例

| 装饰性绿植的上色表现案例一 |

| 装饰性绿植的上色表现案例二 |

3. 装饰瓶及装饰画的上色表现案例

> **注意** 装饰物是很多初学者容易忽视的部分，但装饰物在空间中起着画龙点睛的作用，所以进行装饰物的上色练习是很有必要的。在表现装饰物时要注意明暗关系的确定及颜色笔触的变化，笔触的变化与明暗关系相结合，才能体现装饰物的真实感。

5.3.3　单体沙发的上色表现方法

1. 单体沙发的上色表现

| 单体沙发的上色表现案例一 |

步骤 01 用185号浅蓝色马克笔给沙发上一层薄薄的颜色，再用CG1号冷灰色马克笔加深沙发的暗部，用BG3号马克笔加深沙发影子。

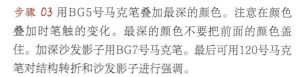

步骤 02 上第二层颜色，用冷灰色系CG3号马克笔继续加深沙发的暗部，注意笔触的变化。

步骤 03 用BG5号马克笔叠加最深的颜色。注意在颜色叠加时笔触的变化。最深的颜色不要把前面的颜色盖住。加深沙发影子用BG7号马克笔。最后可用120号马克笔对结构转折和沙发影子进行强调。

| 单体沙发上色表现案例二 |

步骤 01 家具的配色可以多样化，这组沙发底色部分用到的马克笔色号有CG3号、CG5号和25号。冷灰色系主要表现沙发的主体部分，如垫子、抱枕扶手等，用25号马克笔表现沙发侧面棕色结构部分。

步骤 02 加深沙发垫子、抱枕扶手等部分的颜色，主要用到的马克笔色号为CG5号，但要注意的是加深颜色时不要以平涂的方式，而要根据沙发整体明暗关系，预留出沙发亮部、部分底色。沙发侧面叠加了97号。加深沙发影子使用的是WG5号和WG7号马克笔。

步骤 03 用CG9号马克笔加深沙发暗部，沙发侧面叠加92号作为深入的颜色。完成最终效果。

| 单体沙发上色表现案例三 |

步骤 01 为沙发上底色，坐垫和小靠垫用到的是34号色。沙发大靠垫部分使用76号色，扶手金属质感底色为BG3号色。

步骤 02 加深颜色，这一步基本确定了沙发本身的颜色。坐垫和小靠垫加入23号色，大靠垫加入62号色，表现出沙发的色彩层次。影子部分用到的颜色为WG5号色和WG7号色。

步骤 03 最后在沙发各个结构的暗部加入一些深色，例如，大靠垫加入BG9号色表现暗部，这样的上色方式增加了大靠垫的颜色层次及立体感。坐垫和小靠垫的暗部可用23号色多涂一遍，也能够增加暗部的色彩纯度。

| 单体沙发上色表现案例四 |

步骤 01 此案例中的沙发是坐垫和靠背为蓝色系布艺质感的沙发，其骨架部分为灰色系烤漆木材质。上第一层底色所用到的马克笔色号为蓝色76号、冷灰色CG3号。影子部分为WG3号色、WG5号色。

步骤 **02** 确定沙发所体现的色彩，在坐垫和靠背上加入70号深蓝色，表现其暗部。深灰色烤漆部分可加入CG5号色进行暗部颜色的深入刻画。

步骤 **03** 最后这一步马克笔的涂色面积不会太大，基本上为小面积加深。坐垫和靠背部分可适当加入62号色和70号色，刻画其暗部；烤漆部分加入CG7号色。在这一步表现时，笔触很关键，不能平涂，如果平涂的面积过大，则沙发的层次关系就没有了。

| 单体沙发上色表现案例五 |

步骤 **01** 这是一组灰色系沙发座椅，在现代家具陈设中也是比较常见的。沙发座椅的底色为WG3号暖灰色，金属底座的颜色为CG3号色。

步骤 **02** 沙发座椅用WG5号色加深，这一步表现时一定要注意马克笔笔触的运用。加深金属底座，使用的颜色为BG5号色。

步骤 **03** 用WG7号暖灰色加深沙发座椅的暗部细节，用CG9号色和120号色刻画其金属底座的暗部颜色。

2. 单体沙发的上色表现案例

│单体沙发的上色表现案例一│

│单体沙发的上色表现案例二│

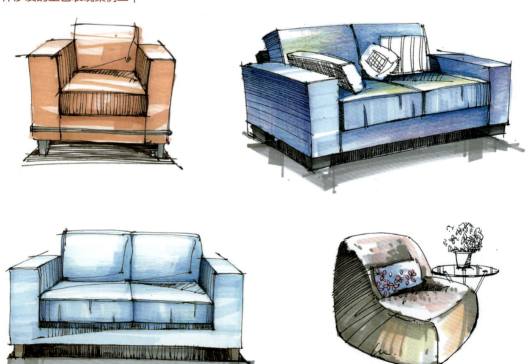

注意 给沙发上色时要多考虑沙发的质感，塑造沙发的立体感，还要注意对层次关系及明暗光影关系的处理，例如，沙发暗部颜色的叠加、结构转折等可以用120号色或其他深色进行强调，这样有助于形体的塑造。

| 单体沙发的上色表现案例三 |

5.3.4　单体茶几的上色表现方法

1. 单体茶几的上色表现

步骤 01 第一层颜色是142号色和103号色，都属于棕色系，便于区分明暗关系。

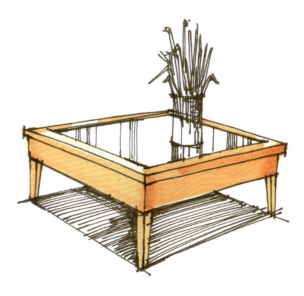

步骤 02 用92号马克笔将茶几的暗部加深，玻璃部分用笔方向是垂直的，注意笔触的排列。

步骤 03 用暖灰色系画茶几的影子，越靠里颜色越深。用WG9号马克笔强调结构转折部分。

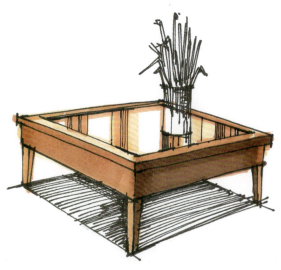

2. 单体茶几的上色表现案例

| 单体茶几的上色表现案例一 |

| 单体茶几的上色表现案例二 |

注意 茶几的材质通常是光滑的玻璃，或是上了漆的实木，在处理这样的材质时要注意用笔的速度与力度。笔速太慢、下笔过重都会使颜色模糊，所以在表现特殊材质时用笔速度一定要快，不要来回涂抹。

5.3.5　单体椅子的上色表现方法

| 单体椅子的上色表现案例一 |

注意 在表现椅子时要注意笔触，椅子腿相对来说比较细，所以上色时笔触不要过粗。还要通过颜色来区分椅子腿的结构转折及明暗变化，初学者在表现椅子时，容易把椅子腿全上成一个颜色，这是错误的。

| 单体椅子的上色表现案例二 |

| 单体椅子的上色表现案例三 |

5.3.6　单体家具上色表现行业应用案例

大家在学习了本小节的内容后会发现应用案例中的上色表现跟前面的单体家具的上色表现有所不同：第一，没有列举出上色的表现步骤；第二，家具颜色层次没有前面的单体家具丰富。这样的单体家具上色表现在我们实际工作和学习中也是运用得比较广泛的，我把它作为单体家具上色表现的最后一部分，也是希望大家通过对本小节案例的学习，能进一步提高家具颜色表现的能力与速度。

| 单体家具上色应用案例一 |

家具旁边的字母和数字，对应的是马克笔的色号，希望通过这样的标注，给学习者一些颜色的参考。（不同品牌的马克笔的色号会有所差异，建议初学者先学习前面小节的基础表现方法与步骤，再来学习本小节的快速表现案例。）

│单体家具上色应用案例二│

　　在行业应用上色表现案例中，马克笔的笔触表现更为灵活。大家在用马克笔给单体家具上色时，一定要注意笔触的粗细变化，只有粗细变化得当，才能更好地体现家具颜色的深浅关系及立体效果。

单体家具上色应用案例三

此案例主要为卫浴空间的单体家具表现。对于一些白色陶瓷质感的物体，一般可以用马克笔中灰色系的颜色来表现，例如暖灰（WG）、冷灰（CG）、深灰（BG）等色系中的颜色。用马克笔上色时尽可能避免平涂，注意马克笔笔触的粗细变化，这样才能更好地表现出物体的质感。

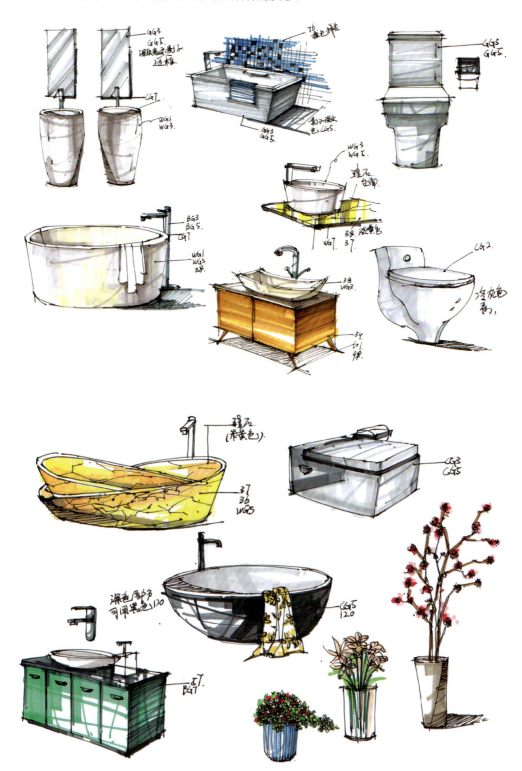

| 单体家具上色应用案例四 |

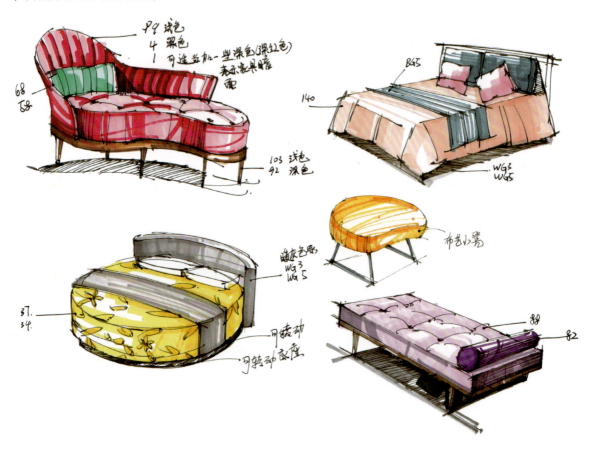

| 单体家具上色应用案例五 |

5.4 组合家具的上色表现方法

组合家具也相当于一个小空间，我们可以通过循序渐进的上色练习来掌握马克笔上色的技巧。给组合家具上色时要注意家具颜色的搭配，颜色不宜过于丰富，要注意家具装饰的整体性。

5.4.1 沙发组合的上色表现方法

1. 沙发组合的上色表现

步骤 01 将家具和装饰的底色表现出来。这里沙发用的是冷灰色CG2号，地毯也是用的冷灰色系中的颜色，因为跟沙发是同一个色系，所以我们可以通过深浅来区分二者。两个茶几用的是暖灰色WG1号。第一层颜色通常比较浅，其他装饰的颜色大家可以根据整体家具颜色自行搭配。

步骤 02 用冷灰色CG5号、暖灰色WG5号加深沙发和茶几的暗部，家具灰面的地方可用浅一些的色号去表现，作为过渡颜色。为了给整个沙发增添一些色彩感，这里我们还加入了70号色去表现沙发的条纹。进一步给其他装饰上色。

步骤 03 强调结构转折、暗部时需要用更深的颜色，以呈现整个沙发组合的造型感，如沙发暗部用BG7号色和BG9号色进行表现。完善其他装饰的颜色。

2. 沙发组合的上色表现案例

|沙发组合的上色表现案例一|

|沙发组合的上色表现案例二|

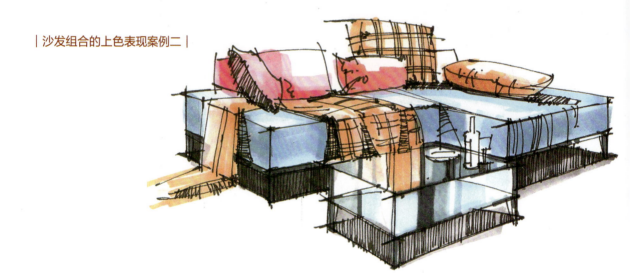

|沙发组合的上色表现案例三|

5.4.2 床体组合的上色表现方法

1. 床体组合的上色表现

步骤 01 第一层为底色，底色一般都较浅。这里整体用到两个色系，一个是深灰色系，另一个是棕色系。床头和床头柜用的WG2号色，床盖用的是BG1号色。为了使整体颜色更加和谐，抱枕和枕头也用了同样的颜色，注意前后靠在一起的抱枕不要使用同样的颜色。给其他装饰上色。

步骤 02 床头和床头柜继续用102号色加深，用BG3号色和BG5号色加深床盖暗部。注意加深暗部时，要随着结构和布褶的走向上色，在加深暗部的同时把布褶的质感也表现出来。进一步加深其他装饰的颜色。

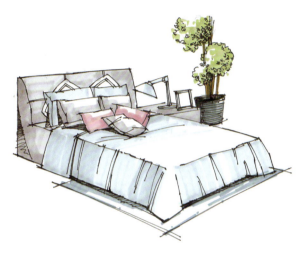

步骤 03 继续加深颜色和完善整体画面，但不要忘记上色时要随着形体走，这一点很重要。

步骤 04 在整体颜色表现得比较充分的情况下，可以给床盖枕头、抱枕等的亮部加一些空间中灯光的颜色，用稍微偏暖一点的142号色，这样可以起到冷暖对比的作用。

2. 床体组合的上色表现案例

| 床体组合的上色表现案例一 |

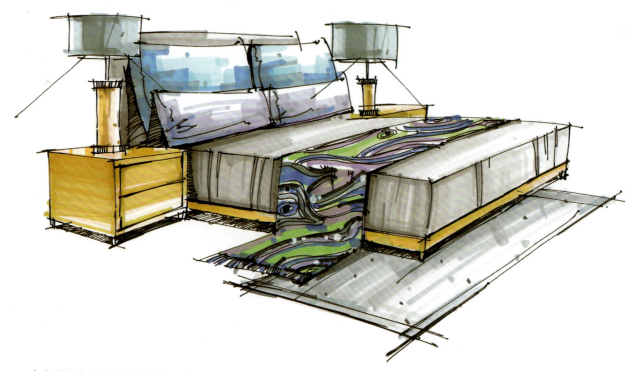

| 床体组合的上色表现案例二 |

| 床体组合的上色表现案例三 |

| 床体组合的上色表现案例四 |

5.4.3 桌椅组合的上色表现方法

1. 桌椅组合的上色表现

步骤 01 桌椅的颜色以木材本身的颜色为主，所以这里用了36号马克笔上底色，椅子靠背的底色是很浅的紫色，用146号马克笔来表现。其他部分可根据整体情况进行上色。

步骤 02 桌子和椅子腿用101号马克笔和92号马克笔加深。在表现桌椅组合时，各部分之间也要有深浅区分，所以椅子靠背的颜色仍然以浅色为主。进一步加深影子。

步骤 03 椅子靠背加入一些84号色，注意笔触，椅子靠背颜色不能涂得太平整，这样会使画面没有透气感。在表现深一点的紫色时，注意笔触的调整，用下面这种线性的笔触来表现就可以。完善其他部分的颜色。

2. 桌椅组合的上色表现案例

| 桌椅组合的上色表现案例一 |

| 桌椅组合的上色表现案例二 |

| 桌椅组合的上色表现案例三 |

3. 组合家具上色表现的注意事项及要点

　　（1）要注意配色，每个人的色彩感觉不一样，初学者在选择色彩时不要想当然地选择，可以通过临摹或实际观察来搭配组合家具的颜色。

　　（2）马克笔的笔触总体来说要随着形体走，所以在上色之前，一定要确保每一个家具的形体准确，这样在上色表现过程中就有了依据。

　　（3）上色时不要一开始就把家具的颜色画得过深，这样特别容易出错。上色时把握好步骤，简单地说，就是按照底色、过渡色、加深暗部颜色、调整整体明暗关系这样的顺序来绘制。

5.4.4 组合家具上色表现行业应用案例

本小节学习的重点是如何用马克笔快速表现组合家具。在实际的方案设计中，可以通过快速表现的方式来表达自己的设计想法。大家可以通过临摹来训练手绘单色线条的表现，掌握马克笔的表现技巧，每个案例中都会有马克笔色号的标注，供大家参考。

1. 组合家具上色表现应用案例一

| 过程图 |

这是组合家具应用案例中马克笔上色表现的过程图展示。刚开始上色时颜色相对比较浅，可逐步选择性地添加颜色。

| 完成图 |

本组为休息空间沙发组合案例。墙面颜色为暖色，用到的马克笔色号为WG1号和25号；沙发颜色是9号和WG3号的叠加；地面颜色则体现出空间颜色的冷暖对比关系，用CG3号和CG5号来表现。

2. 组合家具上色表现应用案例二

|过程图|

　　第一遍上底色。沙发主体颜色使用75号浅紫色，沙发前面的布艺材质的茶几底色为冷灰色系的CG3号色。为了使家具之间有所呼应，沙发抱枕的颜色跟茶几的颜色一致，形成色彩上的呼应。

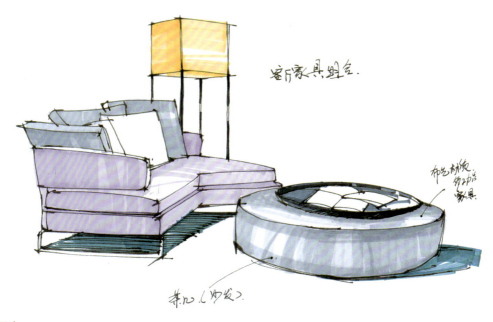

|完成图|

　　马克笔的色号已在图中标出，上色时由浅入深。用马克笔快速颜色表现时，层次不用过多，体现出主体物的基本颜色与组合家具的颜色搭配的整体效果即可。

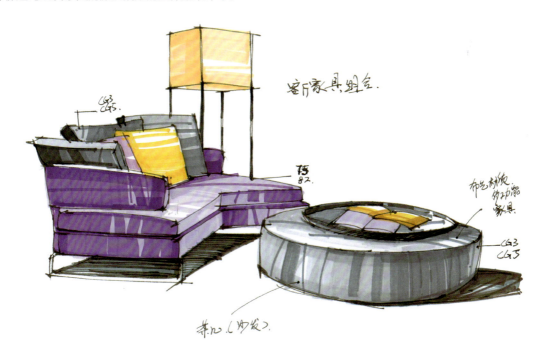

3. 组合家具上色表现应用案例三

| 过程图 |

此案例中椅子所用到的颜色为中黄色34号色、冷灰色CG5号色和CG7号色。

| 完成图 |

这是一组休闲空间的组合家具，颜色为黄色系与灰色系的搭配。案例中椅子只用了比较少的颜色层次关系去表现，而背景墙上艺术画的颜色较为丰富，有绿色、黄色和紫色，这样的颜色搭配跟主体家具的颜色既相互呼应，又有对比（黄色和紫色为对比色）。地面颜色为CG2号冷灰色，背景墙体颜色为25号色，这样的颜色搭配形成了空间的冷暖对比。

4. 组合家具上色表现应用案例四

| 过程图 |

　　露台餐厅这个案例所用到的颜色几乎都是在家具及陈设表现中比较常用的颜色，这一步基本确定了家具和周围环境的颜色。例如，地面木地板颜色为棕色97号和92号，叠加WG5号表现藤椅阴影和地板暗部的颜色。

| 完成图 |

　　砖墙颜色为104号和101号，这两个颜色比较适合表现纯度较低的砖墙面，藤椅颜色为34号和97号。绿植使用的是47号、50号和WG9号，WG9号在这里可以压低绿植暗部的颜色，让整个绿植的颜色呈现出层次变化。

5. 组合家具上色表现应用案例五

│**完成图**│

　　这组家具为深灰色铁艺家具。椅子暗部直接用120号色叠加，少了颜色的过渡变化，增加了铁艺家具本身的质感和硬度。用CG5号色和CG7号色表现椅子的固有颜色。

6. 组合家具上色表现应用案例六

│**过程图**│

　　上第一层色，吊灯、地毯和部分餐椅靠背颜色为75号色，再用62号色叠加深色。地面和部分墙面颜色为棕色系，可将比较常用的97号色和101号色作为基础色。

| 完成图 |

这是一组餐厅组合家具的上色表现。关于餐桌顶面留白部分在此特别解释说明一下，由于餐桌本身固有色跟墙面颜色比较接近，所以在颜色处理过程中，餐桌顶面可以表现为留白，这样的颜色处理更能增加画面的层次感。

7. 组合家具上色表现应用案例七

| 完成图 |

本组为户外沙发马克笔上色表现。靠近绿植的黄色沙发的纯度比较高，所用到的颜色色号为36号和32号。另一侧的沙发的纯度较低，这样的组合家具也体现了色彩的纯度对比。

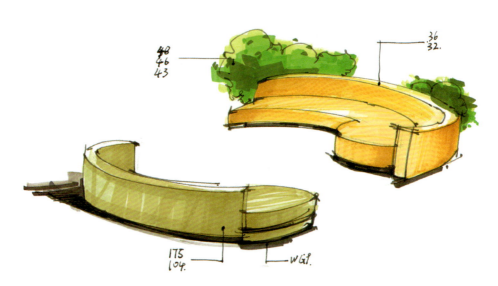

8. 组合家具上色表现应用案例八

| 过程图 |

　　本组案例所用到的底色大部分属于灰色系。例如，墙面砖使用的是WG1号和WG3号，虽然墙面是白色，但会受到空间环境、光线的影响，所以可以用暖灰色系中的颜色来表现。书桌、床前面的电视柜，主体均为白色，所以颜色表现与墙面一致，但在明度上会有所不同，例如，书桌底部阴影部分属于空间的暗部，所以颜色可适当加深，在WG3号的基础上可加入WG5号作为暗部的颜色。床底部的本色为黑色，但在这里最好不要直接用120号来表现，那样颜色会很重，容易显得死板，可使用CG7号，颜色较深，作为家具底色足以表现物体，也能压低暗部。

| 完成图 |

　　床头下面的储物柜用到的颜色为橙色系的34号和23号，和床罩颜色76号、74号蓝色形成对比，同样在整个空间中起到了点缀和提亮的作用。顶面彩色造型局部吊顶的颜色，与地面家具形成色彩上的呼应。

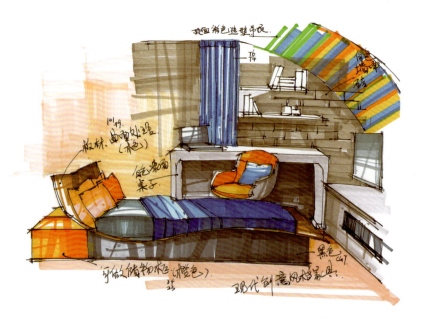

9. 组合家具上色表现应用案例九

│ 过程图 │

上底色时主要用到的马克笔颜色有97号和92号，布艺挂帘颜色为WG1号和WG3号，颜色逐步加深。

│ 完成图 │

这是一组户外休闲沙发，整体颜色表现为木结构本身的颜色，马克笔色号为97号、92号和WG9号，WG9号主要用在木结构转折的暗部。沙发的布帘装饰部分为暖灰色系，用到的马克笔色号有WG1号、WG3号和WG5号。在给布帘上色时，依然要注意颜色的层次和过渡，注意笔触的排列。关于坐垫、靠枕的颜色，这里搭配了绿色系的47号、46号和43号。其实家具的颜色搭配并没有那么绝对，大家在学习的过程中，也可以通过尝试不同的颜色搭配，来训练马克笔绘画技巧和色彩搭配能力。

10. 组合家具上色表现应用案例十

│ **过程图** │

　　这是一个后现代设计风格的卫浴空间，颜色主要为深灰色系，浴缸为黑色石材，所用到的马克笔色号为CG5号、CG7号和120号。墙体砖的颜色与浴缸的颜色统一，但也会有明度上的区分，墙体砖的明度比浴缸明度低一些，将CG5号作为底色。

│ **完成图** │

　　窗帘颜色为暖灰色系的WG1号、WG3号和WG5号，颜色逐步深入，虽然为快速表现，但依然要注意物体色彩的层次关系。地砖颜色同窗帘颜色保持统一，但明度会降低一些，暖灰色系和深灰色系的整体空间也形成了颜色的冷暖对比。在一个空间中，色彩明度的变化是必要的，但空间的冷暖变化也是色彩表现的关键。

11. 组合家具上色表现应用案例十一

│过程图│

在上第一层颜色时，用到的大部分颜色为灰色系。地面颜色为WG1号色和WG3号色的叠加，盥洗台底色为97号色，盥洗盆和镜子用CG2号色做处理，马赛克造型墙面第一层颜色为68号色，马桶和浴缸为WG1号色和WG3号色的叠加，这样的颜色处理调节了整个空间中的冷暖关系的变化。

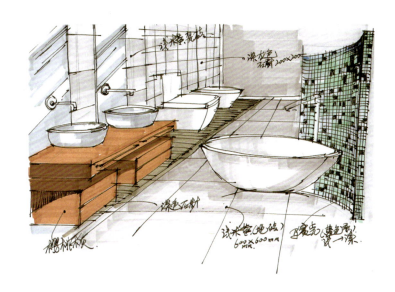

│完成图│

对整个空间的颜色做了进一步刻画。地面加入WG5号色和36号色，可以表现地砖本身的固有色和地面的阴影。在墙面瓷砖表现中加入冷灰色CG3号色和CG5号色，表现其固有的深灰色。拼花处理的蓝色马赛克墙体，在整个卫浴空间中起到了点缀的作用，丰富了空间颜色。

本小节展示了组合家具快速上色表现案例，希望大家通过临摹本小节的色彩练习，提高色彩表现能力，为之后表现整体空间色彩打好基础。

第 **6** 章

空间的线稿表现

本章重点

本章重点讲解空间线稿的表现方法。空间线稿表现不仅是对前面所学内容的巩固，也是为后面进行空间色彩表现奠定基础。同时，也有助于我们掌握空间的明暗、透视和色彩关系。

在空间效果图中，上色前必须有单色针管笔线稿。线稿可体现空间的明暗关系，也可塑造空间的整体形态及家具的质感。初学者尤其要重视这一点，不要盲目地给空间线稿上色，而要先进行分析，再上色，这样才不会出现大的问题。

6.1 空间线稿概述

一个空间里有家具和装饰物，我们使用单色针管笔将空间、家具、装饰物连成一个整体。单色的调子可以表现出空间透视的纵深感，还可以更加准确地体现家具的质感，让观者能够感受到室内设计手绘效果图的真实性。

通过下面两张图的对比，相信观者对于单色针管笔空间线稿的表现会有更深刻的感受。

| 空间线稿案例一 |　　　　　　　　　| 空间线稿案例二 |

相对于案例一来说，案例二通过对整体空间光影关系的分析，结合家具明暗关系及材质，用线条表现出了空间里各家具的质感，使整体空间显得生动且富有真实感。

6.2 空间线稿表现

空间表现案例展示能够更加清楚地表达空间单色表现的全部过程。经过不断练习，我们也能很好地掌握空间单色表现方式。本节案例会借助格尺进行绘制。

6.2.1 客厅空间的线稿表现

下面通过实际的步骤表现，更加直观地观察用针管笔表现的每一个细节。在把握整体空间的造型、明暗关系及质感表现的同时，也要着重表现视觉中心的家具的质感，并结合之前单体家具的表现技法，完善空间效果。

步骤 01 按照基本的透视关系，把家具放到空间里面。右图为一点透视空间效果。在前面讲过一点透视的表现方式，初学者在表现时，一开始不要把家具画得过于具体，可以用一些几何形体来代替。确定几何形体的透视关系后再一步一步画出家具的细节。

步骤 02 用针管笔给铅笔稿勾线，注意前实后虚。前景的家具可以表现得实一些，后景的家具表现得虚一些。在勾线的同时可以通过线条的粗细来强调家具本身的结构和明暗关系，这样能增加空间的立体感。

步骤 03 完善空间地面，可以从家具的阴影入手。沙发下的阴影比较重，一般选择从空间的视觉中心物体颜色最重的地方开始表现。

步骤 04 用直线表现茶几上面的反光、地面反光及其他反光部分。

步骤 05 最终效果图。注意一些细节的表现，如抱枕质感、沙发质感及其本身的明暗关系。因为沙发是空间的视觉中心，所以用线要格外注意，不能太过，要让沙发和其他物体组合成一个整体。

6.2.2　卧室空间的线稿表现

　　在绘制卧室案例的过程中，注意对抱枕和床垫质感的体现，很多初学者在绘制这种不规律的质感时，容易出现线条乱、明暗关系不明确的问题，要结合整体空间的明暗关系去分析。地毯纹理线条要随着空间透视关系走，线条的方向要跟随消失点，初学者在表现时容易把握不好线条的走向，这样呈现出的画面效果也会不理想。

步骤 01 用铅笔线稿准确地表现出一点斜透视空间和家具的透视关系。

步骤 02 将家具的形体细化。

步骤 03 用针管笔给线稿勾线，主体家具的线条可以选择粗一些的针管笔表现，靠后的家具和墙体用较细的针管笔表现。

步骤 04 床头上方部分是茶色玻璃，所以用图中这样的线条表现出镜面的质感。上半部的木饰面作为装饰，用垂直的线条来表现木饰面的纹理及明暗关系。

步骤 05 表现一个空间里的家具和装饰时要分主次，重点表现视觉焦点上的家具和装饰，这样画面才会有层次感。如果所有地方都用线条排列，那么画面会显得乱而没有层次关系。

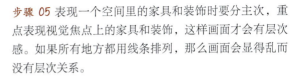

步骤 06 最终效果图。分析整体空间明暗层次关系，最后加上地面投影线条。

6.2.3 卫浴空间的线稿表现

　　用单色表现卫浴空间质感的方法有一定的特殊性，因为整个空间中反光材质的物体比较多，给线条的排列增加了一些难度，所以在表现时要提前规划好整体空间的明暗关系。对于陶瓷、地砖和玻璃的质感，要整体把握和控制。物体的线条除了要体现明暗关系对比，还要体现物体反光的质感。

步骤 01 按照一点透视的原理用铅笔把空间里陈设的透视关系、形体表现出来，位置关系要正确。

步骤 02 卫浴空间里单体家具相对较少，但卫浴空间的墙体有特殊性，所以也要把墙面的装饰材料表现出来。

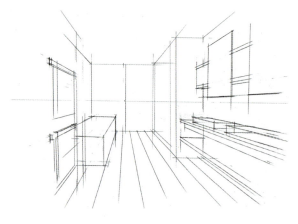

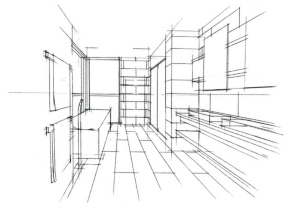

步骤 03 用针管笔勾画好所有物体，为排线奠定基础。

步骤 04 卫浴空间中玻璃材质的物体较多，所以可以通过下图的排线方式将镜面、玻璃和陶瓷的质感表现出来。

步骤 05 最终效果图。浴缸底部的阴影，地面地砖的反光可以表现出整个空间的通透感。

6.2.4 餐饮空间的线稿表现

在表现本案例时注意地面、家具和墙面造型线条的疏密关系，三者是一个整体，要突出画面重点。

步骤 01 右图为空间的基础结构和框架。空间透视及家具形体表现完后，用线条表现出整体空间的阴影关系及家具质感。

步骤 02 地面分地板和地砖两种，将线条与光影结合表现出地面的质感及深浅关系。

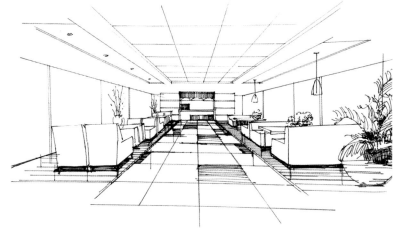

步骤 03 最终效果图。墙面的造型线条要与透视关系保持一致，也是交会于画面中的消失点。最后可以强调一下最里面的家具和地面的颜色，这样可增强空间感。

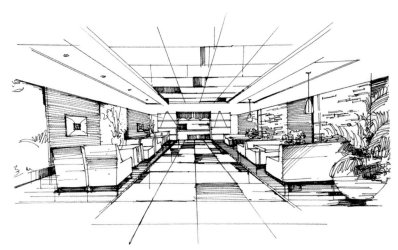

通过线条打造出了空间的真实感，增强了整体空间的生动性，这也是手绘单色空间的魅力所在。

6.3 实际案例临摹

下面结合一些实际的案例进行单色手绘练习。在学习手绘的过程中，除了临摹一些好的手绘作品以外，还可以临摹一些实际的案例照片。实际案例照片与室内设计手绘效果图是有区别的，我们需要重新思考案例照片上面的光影关系、质感表现，将看到的图像用手绘的形式表现出来，而这需要对空间、透视、明暗关系及质感都有一定的把控能力。在练习手绘的过程中，如果一味地临摹已经画好的室内设计手绘效果图，而没有自己的思想和辨识力，那么这样的练习方式不利于我们自身手绘能力的提高。

6.3.1 公共空间的线稿表现案例

本案例为餐厅的公共空间，着重表现中式元素的造型，同时用针管笔线条体现出木质纹理特点。

右图为完成的餐厅过道手绘效果图。

步骤 01 一开始可以用铅笔把大体的透视关系及陈设表现出来。起稿的步骤前面讲过，此处不再赘述。

步骤 02 结合实际案例用线条将走廊的中式格栅的大体造型画出，注意前后线条的粗细变化及中式格栅造型线条的疏密关系，顶面用线条表现出木饰面的纹理，完善陈设。

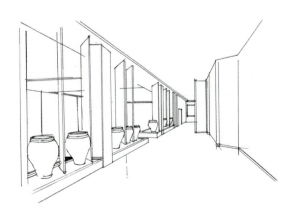

步骤 03 画出地台的阴影部分和装饰墙面的花纹部分。

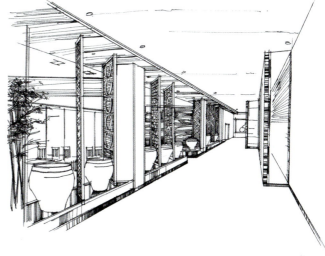

步骤 04 最终效果图。用线条表现出地面的反光及阴影,右侧墙面用线条表现出墙体的纹理感。

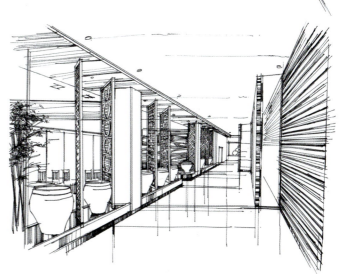

注意 表现中式格栅造型时要注意对其特点的把握,线条调子的排列不能过多,排线也不能过于均匀,要运用明暗对比,分析好虚实关系后再去表现格栅。格栅装饰墙是空间的主要部分,也是我们主要表现的部分。

6.3.2 餐饮空间的线稿表现案例

餐厅桌椅的透视关系及质感是整个餐饮空间表现的重点,注意把握好两点透视空间与圆形家具透视的关系。用针管笔表现墙面的木质造型结构时,线条排列要适当,不能过多、过满,否则就会显得乱,空间造型也会不明确。最后可使用马克笔去补充表现墙面的造型特点。

右图为餐饮空间的实际案例图片。

步骤 01 为了使大家更直观地看到单色空间表现，这里将最初起稿的步骤也呈现出来。根据原图定出基本透视关系构架，表现出大致透视关系和陈设位置。两点透视一开始要特别注意透视角度大小的确定，因为透视角度会直接影响整体空间效果。

步骤 02 表现陈设结构及空间透视关系，同时表现出桌椅和桌布的造型及质感。

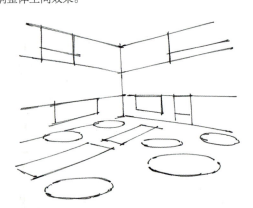

步骤 03 完善陈设，可以把暗部用粗一些的线表现出来，凸显对比。

步骤 04 最终效果图。这张效果图相对来说线条调子用得少一些，因为不是所有的画面都适合大面积地用线条去表现阴影关系及质感。

注意 餐厅背景墙面的造型没有再用线条去表现，这样做是考虑到画面的整体效果，最后上色时用马克笔直接把墙面造型表现出来即可。

6.4 家装设计线稿快速表现案例

随着计算机技术的快速发展，越来越多的人改用计算机绘图，因为这样可以提高绘图效率。但其实掌握了手绘技能后，在设计中也可以通过手绘这种传统的表现形式，快速展现自己的设计理念和想法。

本节给大家呈现的所有案例均为徒手表现，与6.2节中的线稿案例不同的是，本节案例没有借助格尺，而是根据自己的透视经验完成线稿表现。案例表现的过程图可帮助读者了解不借助格尺把握空间与家具陈设的关系的方法。

6.4.1 客厅设计线稿表现方法

本小节将给大家展示4个不同的客厅设计案例线稿表现过程，从铅笔起稿到勾线均为徒手表现。只有通过不同空间、不同透视关系的练习，大家才能更好地掌握徒手表现设计案例的过程与技巧。

1. 客厅设计线稿表现案例一

步骤 01 用铅笔起稿。用铅笔徒手画出整体空间的两点透视关系，注意两点透视的透视规律。

步骤 02 用针管笔勾线。在勾线的同时要适当表现出家具的明暗关系和质感，如地毯的质感等。

步骤 03 快速用单一线条表现空间设计效果图，这样的表现方式比较常见，没有过多的明暗调子，但整体空间比较完整，也能体现出空间的风格特点。

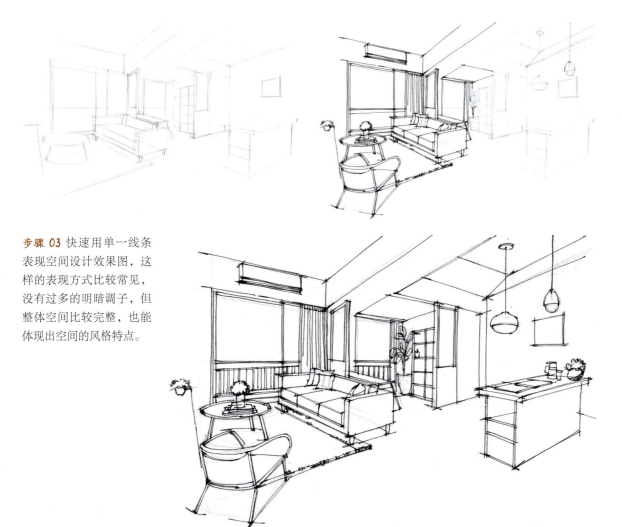

2. 客厅设计线稿表现案例二

步骤 01 用铅笔画出两点透视客厅空间的透视效果，画出家具陈设的基本形体。

步骤 02 用针管笔勾线。在勾线时注意表现家具陈设的形体结构特点与质感线条的准确度，可适当精简线条，但家具陈设不能表现得过于放松、潦草。

步骤 03 本案例为两点透视的客厅表现效果图，家具陈设风格偏现代北欧风。在沙发以及单独椅子的暗部可适当用线条排列出明暗关系及阴影部分，适当用粗线强调家具陈设的转折结构或是与地面相交接的地方。对于快速表现效果图来说，线条也要有粗细、虚实变化。

3. 客厅设计线稿表现案例三

步骤 01 这是一点透视现代风格客厅的线稿表现。先用铅笔确定空间前后关系及透视关系。画出家具陈设的基本形体。

步骤 02 勾线时可在铅笔所表现出的家具陈设位置及外形的基础上，添加具体结构与家具陈设的细节。

步骤 03 完成整体效果图。该空间表现的重点和难点在于前景地毯的质感。对于初学者来说，很难徒手掌控一些形体结构不是那么明确的物体，因而需要反复练习。

4. 客厅设计线稿表现案例四

步骤 01 对于该空间来说，铅笔稿部分也是至关重要的。确定家具陈设位置及透视关系，这样才能为后续的线稿表现打好基础。

步骤 02 完成勾线。这张客厅设计案例线稿的重点与难点为：第一，前方沙发凳的透视关系与形体结构表现；第二，空间最左边靠墙的书柜和书柜里面的书的位置、透视关系表现。

6.4.2 餐厅设计线稿表现方法

本小节将展示4个不同风格的餐厅设计线稿表现案例过程。餐厅空间的重点与难点在于桌椅形体的呈现，通过本小节的临摹练习，希望大家能较熟练地掌握徒手绘制餐厅桌椅的结构样式与表现技巧。

1. 餐厅设计线稿表现案例一

步骤 01 用铅笔起稿。吧台餐厅的结构要在铅笔表现部分提前画出来，注意吧台凳与吧台的大小比例关系。

步骤 02 从前至后用针管笔勾线，在勾线过程中要关注线条的准确性与流畅性，清晰地画出餐厅陈设的结构关系。

步骤 03 吧台餐厅后半部分空间设计为半开放式厨房，餐厅陈设形成整个视觉空间中心，临摹时注意前后空间线条的疏密关系。

2. 餐厅设计线稿表现案例二

步骤 01 这是现代风格两点透视餐厅加客厅的表现。难点在于空间前半部分餐桌餐椅的结构样式与透视关系表现。在临摹本案例时，可多花一些时间去调整铅笔稿，直到透视关系与结构比例关系协调为止。

步骤 02 本案例家具陈设关系较为复杂，所以前面铅笔徒手起稿环节至关重要。针管笔勾线部分的难点在于对线条的准确性与流畅性把控，要求精准地体现家具形体关系与质感。

步骤 03 餐厅餐椅的材质为透明钢化玻璃，这样的设计增加了整体空间的通透性与现代感。

3. 餐厅设计线稿表现案例三

步骤 01 越简洁的线条越是比较难掌控和表现，本案例中桌椅的线条既要求简洁，又要求体现出家具的结构关系。

步骤 02 整体空间线条简洁，但需要清晰呈现空间中每一件家具陈设的风格样式与质感。

4. 餐厅设计线稿表现案例四

步骤 01 这是一个带有错层空间的新中式风格餐厅，整个空间透视属于一点斜透视，该案例表现还是有一些难点，例如，表现空间前面的桌椅结构，所以起稿时应反复推敲、调整整个空间形体与陈设关系。

步骤 02 在勾线时要特别注意家具的线条排列与线条走势，让餐厅陈设呈现清晰的结构和造型特点。

步骤 03 整体空间具有新中式风格，餐厅与后面客厅之间有错层，所以在表现时可适当运用空间的虚实处理关系，把餐厅部分作为主要表现部分，而后面客厅部分可简化。

6.4.3　卧室设计线稿表现方法

　　卧室空间是我们最熟悉的空间环境，不同风格的卧室空间视觉效果与手绘表现要求也不同，熟练徒手绘制其家居陈设的过程，积累丰富的设计案例经验，这是我们本小节训练的重点。

1. 卧室设计线稿表现案例一

步骤 01 该空间内家具的风格都是较为经典的，用铅笔起稿，确定家具位置和大致结构关系。

步骤 02 用针管笔勾线时可根据一点透视空间特点，进行前实后虚的单色线稿表现，这样也能更好地体现出空间的层次感。

步骤 03 本案例设计的是卧室样板间，临摹学习过程中可以通过手绘表现积累设计经验。同时，反复训练如地毯、沙发、布艺等陈设的形态和质感表现，这样可以提高徒手表现的能力与速度。

2. 卧室设计线稿表现案例二

步骤 01 本案例设计的是现代简约风格的卧室空间，其家具陈设结构并不复杂，用铅笔起稿时可快速画出整体空间的基本形态与家具。

步骤 02 用针管笔为家具陈设勾线，注意线条的流畅性，表现床上布艺装饰物的线条要连贯。

步骤 03 本案例为比较典型的现代简约风格卧室空间展示，在用铅笔定好家具位置与大体形态后，可快速进行勾线处理。从效果图中可以看出线条的流畅性与陈设关系的准确呈现。

3. 卧室设计线稿表现案例三

步骤 01 用铅笔起稿，表现出整个卧室空间的透视关系和家具陈设的位置、结构。

步骤 02 根据铅笔线稿，用针管笔表现家具陈设的具体结构与质感。

步骤 03 该卧室空间的重点与难点在于对床、布艺陈设的结构与质感的表达，例如，枕头和装饰抱枕的形体和透视关系、床盖的质感线条。这些家具陈设都需要不断练习、积累，才能更真实地通过徒手表现绘制出来。

4. 卧室设计线稿表现案例四

步骤 01 用铅笔起稿，本空间以两点透视的空间规律进行家具陈设安排。

步骤 02 用线条表现木质家具造型时，注意家具结构转折及细节的刻画。

步骤 03 偏美式风格的卧室空间，在表现时注意家具风格造型的准确体现。整体空间还是两点透视，注意透视线条及家具的位置，线条不要画得过于潦草。

6.4.4　卫浴空间设计线稿表现方法

　　家装空间设计线稿表现案例的最后一部分将给大家呈现两套现代风格卫浴空间的案例效果图，在前面也给大家展示过卫浴空间的相关陈设组合案例，在下面给出的案例中将通过徒手表现，来达到更完整地练习的目的。

1. 卫浴空间设计线稿表现案例一

步骤 01 用铅笔起稿。表现该卫浴空间的难点在于浴缸造型结构与透视关系的呈现，本案例为一点透视现代风格卫浴空间展示。

步骤 02 用针管笔从右向左，根据铅笔线稿表现出空间里陈设的造型与风格样式，同时处理必要的明暗关系及陈设质感。

步骤 03 用针管笔勾线时注意不仅要表现出浴缸和周围陈设结构的透视关系，还要表现出卫浴空间陈设的特殊质感。例如，墙面大理石纹理的花纹表现，浴缸里水面纹理的呈现，这些都需要用笔时有针对性地进行线条排列。

2. 卫浴空间设计线稿表现案例二

步骤 01 本案例铅笔起稿部分的难点在于对浴缸透视关系的处理，椭圆的形体关系要符合整体空间两点透视的规律。

步骤 02 在本案例最后呈现的线稿效果图中，对空间的勾线也做了一些细节的处理，例如，在浴缸底部与地面相交部分、淋浴房空间转折部分、墙面瓷砖拼接处，都把线条进行了加粗，增强了为画面的完整性和明暗关系的层次感。

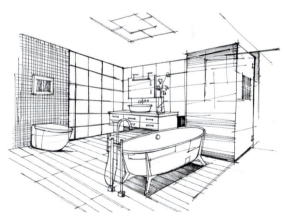

本节通过简单的讲解步骤给大家呈现了家装设计行业案例的技法表现。希望学习者通过对案例的临摹，能够摆脱绘画时对格尺的依赖，凭借自身的透视表现经验去规划空间与家具陈设之间的关系，用线条准确表现家具陈设的质感与设计造型风格，掌握基本的徒手表现技巧，为之后的设计工作打下良好的基础。

6.5 公共空间设计线稿表现

公共空间设计技法表现是在6.4节的基础上增加了技法表现的难度和空间透视关系的表现难度，例如，一点斜透视的综合空间表现、弧形空间的透视关系表现等。这需要学习者具有一定的透视技法及表现经验，才能更好地完成商业空间的设计案例。

6.5.1 商业接待空间设计线稿表现方法

1. 商业接待空间设计线稿表现案例一

步骤 01 用铅笔起稿，徒手画出整个空间结构关系及家具陈设，注意一点斜透视空间的透视关系的表现特点。

步骤 02 用针管笔勾画出家具陈设及空间的具体结构，可以按照自己习惯的顺序进行勾线。

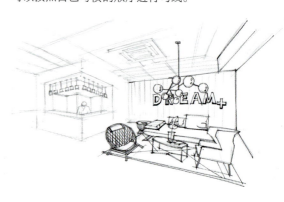

步骤 03 本案例为接待处加吧台的一个综合空间展示，空间透视为一点斜透视，所以在铅笔起稿时需要多注意透视关系及陈设线条的变化。在用针管笔表现吧台外立面造型时，注意表现这种绿植造型质感的及疏密关系的线条排列。

2. 商业接待空间设计线稿表现案例二

步骤 01 用铅笔徒手画出大堂空间的结构，包括画面右边、中间及左边的一些造型结构。只有明确了空间结构，才能进行下一步的深入绘制。

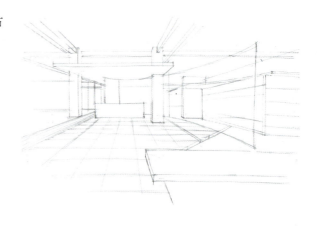

步骤 02 用针管笔勾画出具体的空间造型，注意勾线时线条的流畅性以及空间造型的层次关系。对于空间中比较长的线条，勾线时要把控好用笔的速度与力度。

步骤 03 在最后呈现的效果图中可以看出对顶面造型线条的排列，以及对装饰柱、地面台阶结构的强调与深入刻画，力求完整地呈现空间的设计效果。

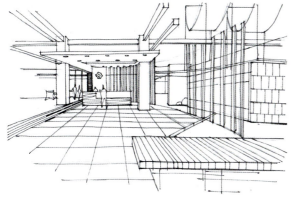

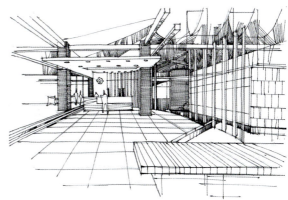

3. 商业接待空间设计线稿表现案例三

步骤 01 用铅笔起稿。绘制弧形的空间透视表现效果图要注意顶面椭圆造型吊顶的透视关系与结构表现。

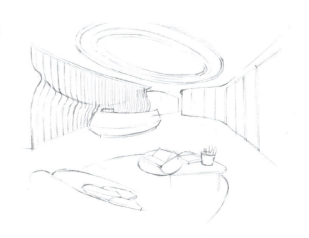

步骤 02 对于该空间的徒手表现来说，在用针管笔勾线时注意线条的流畅性与准确的结构关系。

步骤 03 本案例的难点在于对弧形透视空间的表现，这需要我们依靠自身的透视经验去分析、完成。在临摹本案例时注意天花板上的椭圆造型吊顶、地面家具、墙面弧线造型的透视关系。

6.5.2 办公空间设计线稿表现方法

1. 办公空间设计线稿表现案例一

步骤 01 用铅笔起稿，根据一点透视的空间表现关系画出空间里办公区域和接待区域的家具陈设。

步骤 02 用针管笔从空间的右边向左边进行勾线。对于徒手空间设计表现来说，控制好画面线条的节奏感也很重要。

步骤 03 该案例为办公区域和接待区域相结合的一点透视空间效果展示。家具陈设都比较简单，按照日常的绘画表现方式和步骤练习即可。

2. 办公空间设计线稿表现案例二

步骤 01 此案例为一点斜透视会议空间展示。先用铅笔起稿，注意椅子与空间的透视关系。

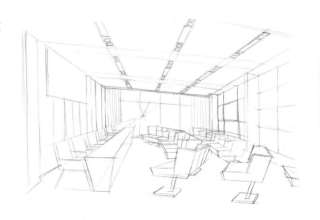

步骤 02 表现该空间时有两个难点，即椅子的形体结构与透视关系、天花吊顶的结构造型。

步骤 03 在规划空间里的椅子数量及造型时，应将空间前景中的椅子作为重点刻画对象，空间后景中的椅子由于遮挡关系和位置变化，在线条上可以简化，以这样的形式表现出来的空间才能有虚实变化。

3. 办公空间设计线稿表现案例三

步骤 01 该办公空间的层高在用铅笔起稿时要特别注意，要合理安排两个楼层的高度与比例。

步骤 02 用针管笔或钢笔勾线时要以整体空间结构为主，注意空间里地面铺装、旋转楼梯的透视关系。

步骤 03 该办公空间为开放式的办公空间，画面中黑色粗线部分是用黑色的马克笔表现的，这样的表现方式能更好地凸显空间中黑白对比关系及空间结构。

6.5.3 展览展示设计线稿表现方法

1. 展览展示空间设计线稿表现案例一

步骤 01 铅笔起稿，画出展厅空间主要结构部分，注意各展台的位置。

步骤 02 根据铅笔起稿的布局，用针管笔勾线，同时表现出各展台的明暗关系及线条调子排列。

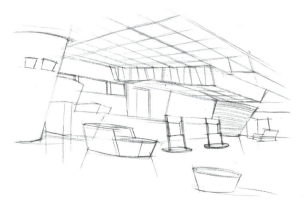

步骤 03 完成多功能科技展厅效果图。圆形数字展台和富有现代感的顶面吊顶构成整个空间的亮点。在最后部分大家可以看到，对于顶面吊顶的结构刻画，黑色粗线是用黑色马克笔直接表现的，这样能较为完整地体现现代感及结构变化。

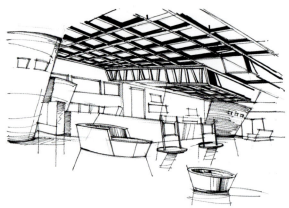

2. 展览展示空间设计线稿表现案例二

步骤 01 该案例中将学习货架、展台、衣物的快速表现方式和技巧，加强自身快速手绘起稿方面的表现能力。

步骤 02 在这一步中大家可以看到，对于勾线时线条的粗细、家具的结构做了深入刻画，例如，前后两组展示柜，而这也是整个空间的视觉中心，所以在表现展示柜结构的线条，要有粗细和深浅变化，使整个展示柜的结构形态关系较为清晰、准确。

步骤 03 从专卖店的空间效果图中我们可以看到，对物体明暗关系线条的深入刻画，还有地面质感的线条表现。希望大家在临摹本案例时遵循以上表现步骤，仔细观察空间中的物体线条表现技巧。

3. 展览展示空间设计线稿表现案例三

步骤 01 该空间的铅笔线稿尤为重要，弧形的空间透视关系和人体的表现，增加了空间表现难度。在用铅笔起稿时需要找准弧形墙面的透视关系，再把必要的展台、货架等安排到画面中。

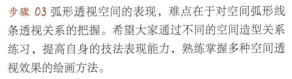

步骤 02 勾线的难点在于对地砖的分割与透视关系的处理。对于徒手快速表现的初学者来说，画面中人物的结构与位置安排也是一大难点，多临摹、勤练习才能更好地掌握一些关于人物的表现技巧。

步骤 03 弧形透视空间的表现，难点在于对空间弧形线条透视关系的把握。希望大家通过不同的空间造型关系练习，提高自身的技法表现能力，熟练掌握多种空间透视效果的绘画方法。

公共空间设计案例线稿快速表现在空间形体与结构的表现上都较家装空间表现复杂一些，空间中的陈设也相对多一些。展示此类案例也是希望通过从简单到复杂、从易到难的教学，让大家进行深入的线稿练习与学习，掌握各种不同形态空间透视关系的表现规律，例如，弧形透视空间，以及一些不规则形体透视空间等，增强学习者的空间塑造与表现能力。

6.6 空间线稿案例正误分析

下面将为大家展示一些案例的细节分析与总结，希望通过细节的表现，大家能进一步掌握单色手绘表现技巧，为后面上色做好准备。我们也可以从空间案例的细节中，掌握各种不同材质的表现规律。

6.6.1 空间线稿案例的分析与总结

本小节的线稿是综合性的。不断地练习排线，才能将空间效果表现得更加完整。针管笔排线也是室内设计手绘表现的重点。

1. 卧室空间线稿表现案例

下图为卧室效果图。先用铅笔画出家具和大体的空间透视关系，然后直接用针管笔徒手将家具、空间进行深入刻画，这需要绘画者有一定的手绘基本功，初学者在没有完全把握的情况下仍然可以借助手绘辅助工具来完成。

| 卧室空间表现效果图 |

右图为床褥表现的细节图，重点强调床盖底部与地毯相交的部分，在结构或是转折处线条可以粗一些，加深其颜色。

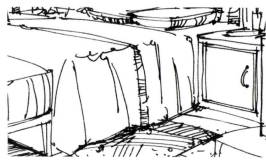

2. 娱乐空间线稿表现案例

娱乐空间中所用的材质比较丰富，除了家具之外，墙面也是重点描绘的对象。

| 软包材质表现细节图 |

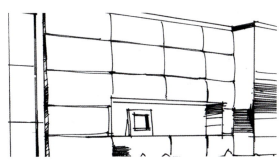

| 综合材料针管笔排线细节图 |

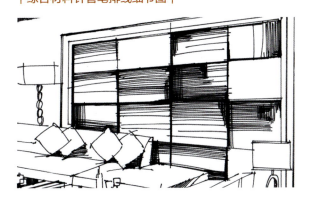

| 地面材质表现细节图 |

3. 办公空间线稿表现案例

在表现空间较大的场所时，可以采用近实远虚的方法来表现家具。表现地面造型和家具时都要注意前后的虚实关系。

｜办公空间表现效果图｜

天花板造型细节图

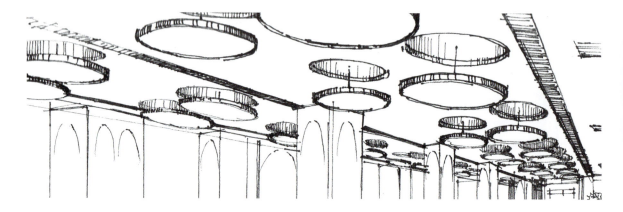

| 会议室空间表现效果图 |

　　注意空间墙面造型和家具的关联性，地面的排线要跟随家具的阴影，前明后暗，线条要有疏密变化。右下为地板材质表现细节。

6.6.2　空间线稿表现的错误案例分析

　　下面通过一些错误案例分析，帮助大家及时认识并纠正练习过程中的一些错误。

1. 线条杂乱，质感表现不明确

　　右图整个空间的线条太乱，颜色过深，地砖的质感没有体现出来，灯光的线条也是如此。线条不是越多越好，排列时一定要考虑物体质感。这是最常见的问题。

2. 线条排列过密，空间关系不明确

　　下图中，餐椅的线条、后面厨房门和厨房操作台的线条都排列得过多、过密了，所以前后空间关系不明确。厨房门由于线条过多，又有一些杂乱，导致玻璃质感没有表现出来。门和里面的操作台由于线条都过于密集，所以也区分不清楚前后关系。

3. 线条不够肯定，断断续续

　　下图中的空间线条不够肯定，有很多断断续续的小碎线条，所以看起来整个空间家具的造型感都不强。床上的靠枕也没有表现出其质感，也没有体现出明暗关系，影响了整体空间效果。

第 **7** 章
空间的上色表现

扫码观看视频

本章重点

本章将对空间颜色进行全面深入的讲解，通过各空间的实际案例展示，更加直观地表现空间上色的全过程。前面我们对马克笔上色也做了介绍，希望在学习本章内容时不要忘记前面提到的一些重要知识点，如组合家具的颜色表现、单色空间针管笔线稿的表现方式，这些知识点都是表现空间色彩的基础和前提。空间色彩也是全书中的难点与重点，我们将通过实际案例，从整体空间色彩搭配、家具配色、质感表现等多个方面进行分析和步骤的呈现。在学习中除了要关注整体上色步骤外，还要注意案例的细节展示与分析，通过不断地练习增强手绘表现的能力。

7.1 住宅空间的上色表现

住宅空间是我们生活中最熟悉的环境，因此本节也是按照空间功能分类，循序渐进地讲解上色步骤和色彩搭配。

7.1.1 客厅的上色表现

步骤 01 将客厅针管笔线稿图准备好，从针管笔线条调子的排列中能够清楚地看出空间的明暗关系和家具的质感，在此基础上我们就可以给空间上色了。客厅的配色原理其实有很多种，根据不同风格、格调可以搭配出很多种不同的空间色调。这个空间是一个较为简单的现代风格客厅，所以可以选择现代风格常见的一些颜色进行搭配，需要注意的是客厅里大面积颜色不能超过3种，所以上色之前就要确定好整体空间色调，在大的色彩关系里寻求变化。

整个客厅的色调是灰色调，客厅空间主要用到的马克笔颜色有BG1、BG3、BG5、BG7、BG9、WG1、WG3、WG5、WG7、WG0.05、48、CG3、70、74、26和CG1。

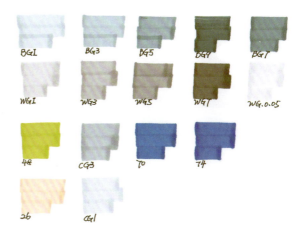

步骤 02 第一层颜色一般为灰色系中最浅的颜色,由浅往深地画。电视背景墙、电视柜、沙发角几和茶几等都是用BG1作为底色,暗部用BG3略微加深区分一下。地面和地毯可用CG1作为底色。

注意 不论是给物体上色还是给空间上色,都是由浅入深,千万不要一次就把颜色画得很深,这样在后面的过程中就不好调整画面了。

电视背景墙中凹进去的部分用BG1和BG3叠加上色,在叠加颜色时注意对层次感的把握。

步骤 03 用之前选出的灰色系继续深入刻画颜色。顶面的颜色为WG0.05，轻轻平铺就好，顶部颜色不宜表现得过重。

用BG5继续加深，用叠加的笔触把电视背景墙的造型表现出来。

在表现地毯颜色时注意里外颜色的深浅变化，用WG1、WG3和WG5由外向里，跟随透视关系逐渐加深。用笔时注意笔触粗细的变化。

步骤 04 进一步刻画颜色，并着重表现地砖的颜色和天花板的环境色。主体物沙发深蓝色系的颜色在整个空间中也起到了点缀的作用，跟周围环境的灰色系的颜色有所区别，但又和整体空间的灰色调融为一体。

地面的颜色跟随透视关系外浅内深，用CG1作为底色，用CG3加深地面，用BG5勾画地砖纵向接缝处，最后用26作为环境色。

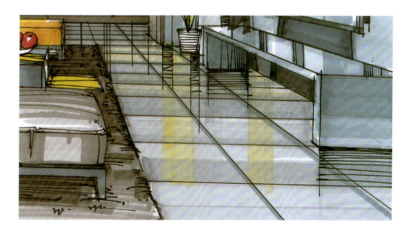

用70和74为沙发上色。

步骤 05 在表现空间颜色时可遵循先整体，后局部，再整体的原则。具体地讲就是，先整体地铺空间里大面积的色块，然后给家具陈设着色，最后调整。在最后调整时就不是像之前那样大面积上色了，而是小范围颜色调整。下图是给地砖反光加一些周围墙面、家具的颜色来作为环境色的效果图，顶面也可加入淡黄色作为灯光的颜色。

天花板用的是26，天花墙体暗部可用暖灰色系的WG0.05、WG1和WG3叠加，形成明暗对比。

地面颜色比较丰富，因为地砖的特殊材质关系，使用70、WG3、WG5和BG5上色，但注意这些颜色不是平铺，小面积添加即可，最后用高光笔提亮，呈现出地面反射投影的效果。

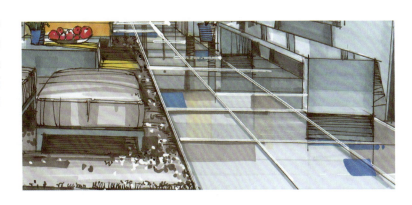

7.1.2 卧室的上色表现

卧室的上色原理同客厅的上色原理相似，颜色可根据空间的不同进行调整。卧室上色主要用到的马克笔颜色有26、WG1、WG3、WG5、WG9、CG1、BG1、BG3、BG5、43、47、48、50、101、102、9、4和185。床体、地毯、床头镜面等都可用暖灰色系，地面是木地板，本身是棕色，这样把大面积颜色规划好了以后，就可以分步骤给空间上色了。

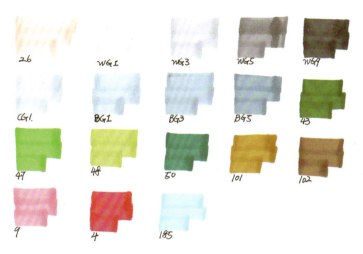

步骤 01 画出卧室的空间线稿图，用线条准确地表现出空间里家具陈设、地面和墙面的外形和质感。

步骤 02 定好整体空间色调后，给整体空间先上一层底色，墙面、镜面、床体、地毯等都是用的WG1作为底色。地面用26作为底色。每个人对于颜色的理解有所不同，这里地面的底色，也可以用其他的颜色代替，只要符合木地板本身的颜色即可。

步骤 03 加深整体空间的颜色，特别注意每加深一次，空间颜色会越来越深，要注意明暗关系的对比。没有深浅关系的对比，整个空间的形体感、透视感就无法体现出来。

镜面的颜色使用WG1和WG3刻画，表现出层次感。镜框的颜色要重一些，会用到WG5和WG9。

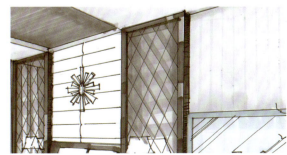

步骤 04 进一步刻画颜色。其中床头深灰色的软包造型正好和暖色墙面形成了冷暖的对比。床凳是用深灰色系的BG3和BG5来刻画的，和床头软包在空间里相互呼应。

木地板使用101和102刻画，铺深棕色时可以把下面的浅棕色留出来一些，不要全部铺满，这样整体画面才有透气感。

步骤 05 整体调整画面，加入一些点缀的颜色，如床盖颜色和抱枕颜色纯度都可以高一些。再用102加深桌子底下木地板及周围小面积木地板的颜色。窗户外面除了绿植的颜色以外，最后用185加一点淡蓝色，体现天空部分的色彩。

镜子除了用高光笔提亮以外，也可加入周围环境的部分颜色，如深灰色系的BG3和BG5，在空间里这样的颜色可以起到很好的调节作用。

木地板最终细节图中加入了102，把木地板的明暗关系表现出来了。

7.1.3 卫浴空间的上色表现

在给空间上色之前，画单色线稿要注意地面、墙面和镜面等独特材质的表现。针管笔线条除了表现出空间明暗对比外，还要着重体现空间里材质的质感。

整个卫浴空间还是以暖色调为主，主要用到的马克笔颜色有WG1、WG2、WG3、WG5、WG7、WG9、26、32、103、92、185、BG1、BG3、BG5、BG7、BG9、CG2、CG7、7、43、47。从以上颜色我们可以看出整个空间是围绕着暖灰色调进行变化的，其中7、26这样的颜色作为环境色，起着点缀、调节空间色彩的作用，下面我们将分步骤表现空间色彩。

步骤 01 吊顶、地面和墙面都是以WG1为底色，然后用32画柜子、镜框和画框颜色。

步骤 02 整体空间上过底色后，就可以继续深入表现空间里的家具及造型了。盥洗台和里面的柜子仍然使用暖灰色系的WG3、WG5、WG7加深颜色，明确造型及明暗对比关系。地毯的颜色以浅色为主，用WG1和26就可以表现出地毯的颜色。镜框、画框和盥洗台柜门使用32、103和92上色。

地砖深色部分的颜色用WG3和WG5叠加在一起表现，前面浅色部分用深灰色系的BG1，形成空间中冷暖的对比。盥洗台底下阴影部分用重色CG7压深暗部。

步骤 03 墙面和天花板的颜色也可逐步加深。浴缸的固有色为白色，但陶瓷材质的反光较强，所以建议在周围墙面、家具颜色都表现出来后，再去画浴缸的颜色，对于白色、反光比较强的物体来说，上色时需要参照周围物体的颜色。这里用BG1和26就可以表现出浴缸的颜色，由于每个人对于颜色的理解不一样，反光较强的浴缸也不是只有这两个颜色能够表现出来，如果画面有需要还可以加入环境里的其他颜色进行搭配。

下图为浴缸颜色的细节图。

坐便器的颜色跟浴缸的颜色有一些类似，这里面还加入了少量的CG2。

步骤 04 天花板的深色部分用了WG5叠加。浅色部分固有色为白色，但由于暖色灯光影响，浅色部分用26表现环境色的部分。

下图为镜子细节处理方式表现图。

下图为墙面细节图，注意墙体墙砖拼接处的处理方式，用暖灰色系的WG5勾线，高光笔提亮，把瓷砖的质感表现出来。

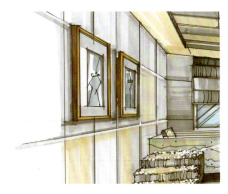

7.2 办公空间的上色表现

下面将通过几个案例来学习办公空间的上色表现方式。这几个空间是办公空间里比较有代表性的，希望大家通过学习能掌握办公空间上色表现的方法及规律，举一反三。

7.2.1 办公室的上色表现

步骤 01 准备好办公室的单色线稿图。根据单色线稿图的明暗关系规划出空间的整体色调，确定办公室所用到的马克笔颜色。本空间主要用到的马克笔颜色有26、32、34、97、92、101、WG1、WG2、WG3、WG5、WG7、WG9、CG1、CG2、GG3、CG3、BG5、BG7、62、120。准备好颜色下面就可以开始对空间着色了。

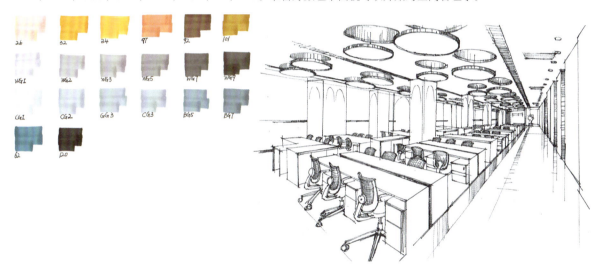

步骤 02 第一层颜色为空间的底色。办公桌、部分柱子和画面右边的木饰面墙体可用34作为底色，地面用CG1，顶面可用WG1、WG5去塑造吊顶的明暗造型。

步骤 03 空间颜色的深入刻画。可用97和101分别塑造墙体、部分柱子和办公桌等的空间加深部分。玻璃的颜色及外部环境颜色用CG3和BG5来概括，以体现形体关系。

步骤 04 完善空间整体色彩。
用颜色去塑造家具和空间造型
的层次关系。

柱子颜色为34、97、101、92的叠加。在上色时注意颜色笔触的叠加关系，注意明暗关系的处理。

下图为地面颜色的细节处理图。

下图为顶面细节表现图。可以用彩色铅笔表现灯光的颜色，浅褐色和黄色相互融合可表现墙面及吊顶的环境色。

7.2.2　会议室的上色表现

步骤 01 准备好会议室的单色线稿图，在上色之前根据画面透视及明暗关系，确定整体空间的色调。会议室的配色注意整体画面色调纯度尽可能不要太高，可以是比较温馨的，也可以是比较商务化的颜色，以冷色调为主，营造出一种比较安静的氛围。这个案例主要用到的马克笔颜色有WG1、WG3、WG5、WG7、CG1、CG2、CG3、CG5、CG9、BG1、BG3、BG5、BG7、BG9、97、101、92、103、48、47、43、50、140。准备好颜色，接下来就可以着色了。

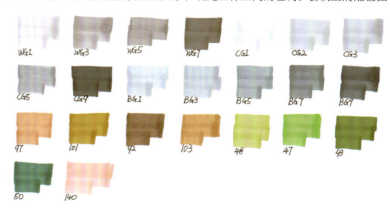

步骤 02 地板和墙面木饰面造型用97上底色，墙面灰色软包和吸音板用WG1上底色，吊顶用CG1上底色，椅子的主要颜色为BG1。一开始把大的色彩关系规划好，为后面深入刻画做好铺垫。

步骤 03 地板和墙面木饰面造型用101叠加，上第二层色时注意不要把第一层色完全覆盖住，要保留一部分。吊顶用CG2和CG3依据明暗关系加深颜色。

吊顶还可适当加入深灰色系的BG1，作为调节色。

步骤 04 左边软包墙面和右面窗帘颜色为同样的颜色，在画面中相互呼应，用101先浅涂作为固有色，再厚涂加深暗部。右边浅灰色吸音板用140表现。

用92表现地板的暗部及质感，用103作为地板底色和92之间的调节色，让地板颜色层次更丰富。

步骤 05 绿植颜色从浅到深依次为48、47、43和50，画面越往里，颜色纯度越低。再用彩色铅笔和高光笔收尾。

下图为墙面、吊顶的细节展示图。颜色越深，越要注意笔触的运用，深色不能铺得过满，物体亮部可以适当留白。

7.2.3 前台接待处的上色表现

步骤 01 准备好前台接待处的单色线稿图，用适当的线条调子表现出天花板及地面的质感。整个前台接待处的色调以灰色调为主，主要由暖灰色、冷灰色还有窗户金属框的深灰色组成。本案例主要用到的马克笔颜色有WG1、WG3、WG5、WG7、WG9、CG1、CG2、CG3、CG5、CG9、BG1、BG3、BG5、BG7、36、26、76、101、120、34。

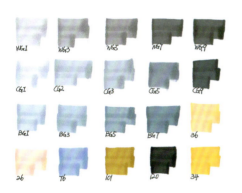

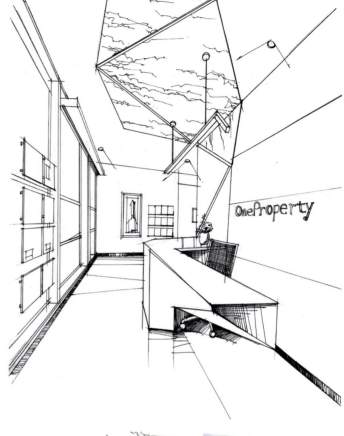

步骤 02 给空间整体地上色，空间底色一般都是以浅色为主。墙面主要用到暖灰色系的WG1和WG3，窗户金属框底色为BG3和BG5，接待台及连着的墙面造型可用CG1作为底色，因为接待台本身及墙面造型的固有色为白色，所以上色较浅。

步骤 03 进一步加深空间颜色。在整个空间加深的过程中，马克笔的颜色笔触是我们需要掌握的重点。

窗户框不能用一样深浅的颜色平涂，而是要分清明暗关系，这样才能把窗户的立体感表现出来。

步骤 04 用马克笔颜色去塑造空间里的物体及造型。

下图为顶面造型细节图。顶面造型用到的马克笔颜色比较多，因为色彩叠加才能表现出高级灰颜色的层次关系。这里用到的颜色有36、CG1、CG2和CG3，造型花纹用CG5来勾线。

下图为接待台细节图。亮部主要用到的马克笔颜色有CG1、CG2、CG3和BG3，也可加入76适当表现环境色。暗部的颜色可用重一些的深灰色和暖灰色去表现。

步骤 05 最终效果图。

下图为玻璃墙面细节展示图。

下图为接待台的细节展示图。接待台的背景墙最后用深褐色彩色铅笔上色，呈现墙面色彩质感。

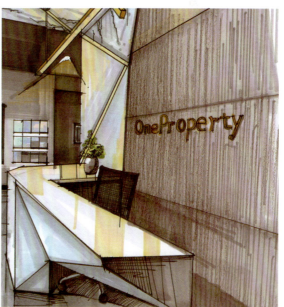

7.3 餐饮空间的上色表现

餐饮空间的手绘表现也是室内设计手绘学习中必不可少的一部分，通过不同种类的空间练习及色彩表现的练习，我们可提高自身空间上色的综合能力。

7.3.1 餐饮空间的上色表现案例一

步骤 01 准备好餐饮空间的单色线稿图。餐饮空间造型具有中式风格元素，所以整个空间颜色以棕色系、暖灰色系为主。本案例主要用的马克笔颜色有97、102、92、WG1、WG3、WG5、WG7、26、36、101、182、BG1、BG3、48、47、43、50、131、CG1。准备好颜色就可以着色了。

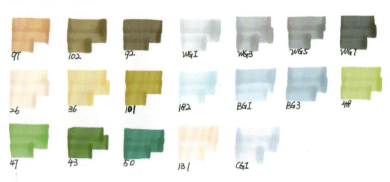

步骤 *02* 用97给中式屏风造型
上色，中式罐子主体颜色为
36和101。主墙体颜色可用
WG1作为底色，用WG3勾画
墙面暗部颜色。地面颜色用
CG1作为底色。

步骤 *03* 深入表现空间颜色。

下图为地面上色细节图。地面颜色用CG1、BG3、WG3、
WG5和WG7由浅入深进行叠加，竖向的笔触可以很好地
表现出地砖的反光质感。

下图为中式屏风造型上色细节图。用97上底色，用102
和92依次加深暗部及顶部靠里的部分。空间的前半部分
颜色浅，造型更清晰。

步骤 **04** 完善空间右边墙体的颜色，用高光笔提亮地面，白色吊顶受灯光环境影响可用131作为底色，再用26号马克笔加深，但总体颜色还是偏浅，能够体现一定的色彩关系即可。

下图为细节展示图。从图中可清晰地看出顶面和右边背景墙体颜色的层次关系。右边背景墙体
颜色用36、WG3和WG5加深。

7.3.2 餐饮空间的上色表现案例二

步骤 01 准备好餐饮空间的单色线稿图。根据线稿的明暗关系及造型风格规划好整体空间颜色。本案例主色调为暖色调，主要用到的马克笔颜色有 26、32、36、97、101、103、102、BG1、BG3、BG5、BG9、CG1、CG2、CG3、CG9、WG3、WG5、WG7。准备好以上颜色就可以开始上色了。

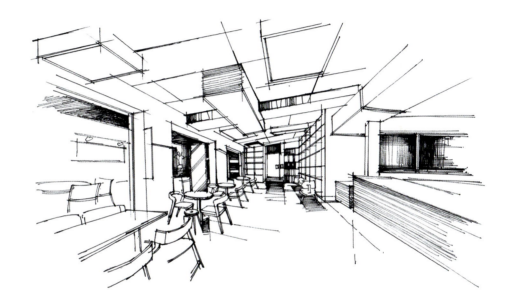

步骤 02 第一层颜色一般都比较浅。顶部灯箱、柜子和桌椅等颜色都为同类色，用到的马克笔颜色有26和32。地面和白色墙面用暖灰色系的WG3作为底色。

步骤 03 加深空间造型、陈设及墙体
的外部颜色，突出空间造型感。

右图为顶部细节图，用到的马克笔颜色依次为26、32、97
和101，表现出了暗部的颜色。

步骤 04 完善空间色彩及层次关系，
体现整体空间色调。

右图为地面、柜子上色细节图。地面除了用到WG3以
外，还添加了WG5和36。柜子颜色可用26、32和97表
现，画的时候控制好这3种颜色的比例。

步骤 05 最终效果图。

墙体外部主要用BG3、BG5、WG7
和CG9表现出层次关系，桌椅的主
要颜色有26、32和97。

可用102加深柜子颜色。右图为柜子
最终完成效果细节展示图。

7.4 综合商业空间的上色表现

　　通过之前大量的实际案例练习，相信大家对于空间上色表现有了一定的了解，明确了空间上色表现的步骤，掌握了空间颜色搭配的规律。我们也发现在室内设计手绘表现中，灰色系颜色是色彩表现中最常用的，所以像马克笔WG（暖灰）、BG（深灰）、CG（冷灰）和GG（中性灰）这些色系都是室内设计手绘表现的常用色。大家要不断地练习颜色表现，也要不断地总结常用颜色，再根据不同空间需求去寻求颜色的变化。接下来通过综合性的空间上色练习，来尝试更多不同类型空间的色彩搭配与表现。

7.4.1 休闲空间的上色表现

步骤 01 准备好休闲空间的单色线稿图。这里规划好整体空间色调，确定用到的马克笔颜色。休闲空间主要用到的马克笔颜色有BG1、BG3、BG5、BG9、70、142、36、32、101、102、97、92、WG1、WG3、WG5、CG3、CG5、CG9、175、59、22。

步骤 02 进行第一层的空间上色表现。用36为背景墙面和天花板上色，玻璃金属边框用BG3和BG5表现，其中BG5用于表现暗部，用BG1表现地毯，用101表现木地板，用70表现深蓝色的椅子。

步骤 03 进一步表现空间色彩。这一步主要是用颜色区分开物体的明暗关系及造型。用32加深背景墙面和天花板，金属边框、地毯和其他陈设等用相应颜色继续加深。

步骤 04 调整整体空间色调关系。注意对马克笔笔触粗细及颜色深浅的把控。

上图为墙面灰色调的渐变细节图。用的马克笔颜色分别为冷灰色系的CG3、CG5和暖灰色系的WG1、WG3、WG5。

上图为天花板和玻璃护栏细节图。颜色由浅入深为36、32、97和102，102为深棕色，注意把握好颜色的用量。

步骤 05 最终效果图。用彩色铅笔弥补马克笔过渡生硬的地方，让整个空间更具真实感。

用深蓝色彩色铅笔表现出地毯的层次关系。吧台椅用到的马克笔颜色为101、102和CG9。要特别注意空间里有些地方颜色很重，但在用色的过程中不要直接用120去表现，那样表现出来的颜色会影响画面的效果，可以用深灰或者冷灰，先浅后深地把黑色的效果叠加表现出来。

7.4.2 餐饮包房的上色表现

步骤 01 准备好餐饮包房的单色线稿图。本案例主要用到的马克笔颜色为WG1、WG3、WG5、WG7、WG9、97、92、26、28、34、140、BG3、BG5、BG7、BG9、CG1、CG2、CG3、48、101、76、9。颜色准备好后，就可以开始给空间上色了。

步骤 02 本空间色调以暖灰色系为主，所以一开始WG3和WG5可作为主要颜色。用76、9以及BG3表现出窗外的风景与天空的色彩。用26、28和140表现椅子。

步骤 03 深入表现空间颜色。进一步用相应颜色去表现空间环境及陈设造型。

步骤 04 用马克笔完善空间造型及家具。

右图为墙体造型颜色层次细节图。石材颜色依次为26、WG3、WG5、BG3、BG5、WG7和BG7。注意马克笔的笔触叠加效果。

步骤 05 最终效果图。在步骤04的基础上增加整个画面颜色的层次，让空间颜色丰富又不失整体感。最后用到的马克笔颜色一般都较重，地面部分、椅子阴影用WG7和BG7进行颜色叠加。右边墙面用淡黄色、褐色和浅棕色彩色铅笔表现其光影关系和墙体颜色层次。

右图为窗外景色颜色细节表现图。用到的马克笔颜色为CG1、76、9、BG3、28、CG3、BG7和BG9。

右图为主体陈设表现细节图。

7.4.3 酒店大堂的上色表现

步骤 01 准备好酒店大堂的单色线稿图。先分析整体空间明暗关系及色调。本空间主要用到的马克笔颜色为36、34、102、97、92、CG1、CG2、CG3、CG5、CG7、CG9、BG3、BG5、BG7、BG9、48、42、43、50、9、15、WG1、WG3、WG5、WG7、70。

步骤 02 给整个大堂上第一层颜色时，可以看出木质造型结构、前台、地面所用到的马克笔颜色为36。前台后面的背景的深色部分为97。顶面用WG1作为底色，陈设的颜色也主要以灰色系为主，有一两个点缀的颜色即可。

步骤 03 进一步深入刻画空间
色彩。木质结构造型和前台都
加入97的颜色。陈设继续用灰
色调加深颜色，用到的颜色为
CG1和CG3。

步骤 04 明确空间造型及色调。

用97和92加深颜色时，要表现
出前台流线型木质结构的明暗
关系及造型。

步骤 05 深入刻画陈设的局部造型及细节。

陈设组用到的马克笔颜色为冷灰色系的CG1、CG2、CG3、CG5和GG7,红色系的9和15,绿色系的48和42,深蓝色系的70。

步骤 06 最终效果图。注意对地面反光色彩层次的把控。

左图为天花板顶面和地面的细节图。用到的马克笔颜色依次为WG1、CG2和97。最后用淡黄色彩色铅笔表现出灯光的环境色。

7.5 家装设计的上色表现

在本章最后部分安排了家装及公共空间设计案例颜色表现的内容，主要是为了丰富本书的案例内容，以及巩固马克笔运用表现的技法、规律这一知识点。另外，本章案例使用的马克笔品牌及色号跟前面章节用到的马克笔品牌及色号有所不同，这也是希望大家通过本节的学习来扩展对手绘工具的认识和了解。

下图为本章案例所用的斯塔品牌马克笔色号的色卡。斯塔品牌油性马克笔颜色覆盖力较强，笔头较Touch品牌的马克笔笔头更粗一些，但仍然可以满足我们对不同笔触的排列需求。

CG（冷灰）	WG（暖灰）	BG（蓝灰）	GG（绿灰）	NG（灰）	棕色	绿色	蓝色	紫色	红色	黄色
CG0.5	WG1	BG1	GG1	NG4	16	114	101	75	60	2
CG1	WG2	BG3	GG3	NG6	22	117	105	77	61	3
CG3	WG4	BG5	GG5	NG9	23	120	107	78	64	6
CG5	WG6	BG7	GG7	25	123	106	80	65	12	
CG7	WG8			YG（黄绿）	29	107	81	66	49	
CG9	WG0.5			YG0.5	31	131	108	83	67	152
	WG9			YG2	34	136	109	68		
	WG3			YG4	36	140	110	87	51	
				YG6	39	141	88			
				PM-206	42	146				
BK（黑色）					48	149				
BK					46	124				
					63	166 PM				
					15					
					40					
					43					

斯塔品牌油性马克笔全套有200种不同的颜色，CG、WG、BG、GG、NG、YG字母开头的色号所对应的颜色都为灰色系，也是室内设计表现中常用的颜色。大家可以根据喜好搭配颜色，我选择了棕色系、绿色系、蓝色系、紫色系、红色系、黄色系的一些颜色作为空间表现的主要颜色。马克笔的品牌不同，所呈现的色彩表现也会有所不同，相较于前面介绍的Touch品牌马克笔，斯塔品牌马克笔的颜色纯度和显色度要更高一些，而且笔头的样式跟Touch品牌马克笔也有所不同，下面有细节图作为参考，大家可以进行对照。

斯塔品牌马克笔的AD头依然可以表现出细、中、粗3种不同粗细宽度的笔触。

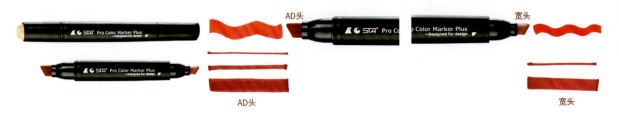

AD头　　　宽头

AD头　　　宽头

7.5.1　客厅设计上色表现方法

1. 客厅设计上色表现案例一

　　本案例为两点透视的客厅设计案例，该案例的颜色表现有以下特点：第一，整体空间的色系为灰色系，画面左半部分的客厅墙面颜色和右半部分客厅墙面颜色特意用冷灰色和暖灰色做了一个区分，也在空间中形成自然的冷暖对比；第二，在选择地板的棕色时也要注意地板颜色的纯度不宜过高，这样才能跟整个空间的色系相协调。

| 主要色色卡参考 | 过程图 |

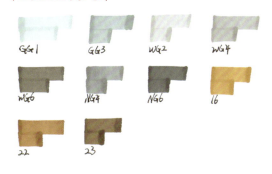

| 完成图 |

2. 客厅设计上色表现案例二

本案例的设计风格整体偏北欧现代风格，家具陈设风格均为比较经典的现代风格，整体颜色纯度偏高。该客厅设计案例上色的难点在于沙发和地毯的颜色表现，大家可以参考给出的色卡，进行对照叠加上色，注意颜色之间的过渡与对比关系。

| 主要色色卡参考 |

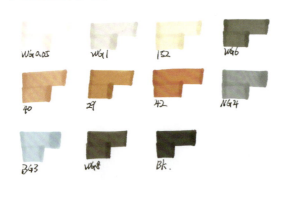

| 过程图 |

| 完成图 |

高光笔在整个画面中起到提亮的作用，因为在上完家具颜色，尤其是沙发的颜色后，会觉得这个空间颜色偏暗，所以在沙发、地毯还有抱枕部分加入高光以提亮。

3. 客厅设计上色表现案例三

　　该案例为一点透视的现代客厅设计表现，整个空间中，浅蓝色的地毯和黄色的沙发成为空间中的视觉亮点，其他家具陈设的颜色纯度较低，起到了整体空间色彩调节的作用。在临摹该案例时，大家可以按照给出的色卡进行上色，也可根据自己的色彩表现经验进行空间颜色的搭配。

| 主要色色卡参考 |

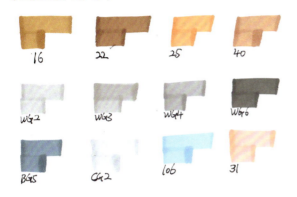

| 过程图 |

| 完成图 |

　　客厅案例上色表现给大家提供了3套比较典型的色彩搭配，大家在临摹上色时需要分析颜色的过渡与搭配关系。对于在工作设计中的一些案例表现，马克笔的笔触和上色表现可相对放松、随意一些，达到自己的设计表现目的即可。

7.5.2 餐厅设计上色表现方法

1. 餐厅设计上色表现案例一

　　该餐厅设计的上色重点和难点如下：第一，画面前方的柜子、镜面玻璃的颜色叠加处理手法；第二，地面颜色用比较常见的灰色系颜色叠加，表现出地面的反光与瓷砖的质感。临摹时可参考完成图中柜子和地面处标注的马克笔色号进行上色。

| 主要色色卡参考 |

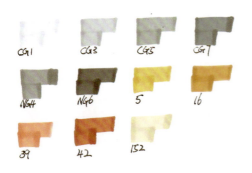

| 过程图 |

| 完成图 |

2. 餐厅设计上色表现案例二

本餐厅墙面壁纸的颜色和地面颜色都为偏暗的棕色，主体家具和地毯的颜色在空间中起提亮的作用，这样的颜色搭配使整体风格比较偏复古风。地毯上高光笔的处理，增加了整体空间颜色自上而下的层次感，但在用高光笔表现时请注意，高光笔白色处理不宜过多，要适当，不然会使空间整体效果看起来不够协调、完整。

| 主要色色卡参考 |

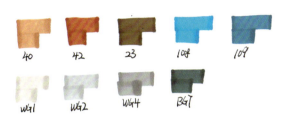

| 过程图 |

| 完成图 |

3. 餐厅设计上色表现案例三

这个案例上色表现相较于前面两个案例而言，颜色表现难度较大，不是因为颜色种类多，而是因为同类颜色叠加的层次多，但这样能更好地表现空间中家具陈设的质感。

本案例难点如下。

难点一：餐椅的色彩表现。餐椅为钢化透明玻璃材质，本身固有色就是透明的，所以除了要添加本身固有颜色外，还要加入大量的环境色，这样才能更好地体现餐椅透明的质感。

难点二：地面颜色的叠加处理。可参考完成图中给出的色号进行上色。

| 主要色色卡参考 |

WG2　　WG4　　WG6　　YG02　　YG04　　YG06　　43　　22　　40　　YG05

| 过程图 |

餐椅固有色为YG02、YG04，然后可根据椅子颜色结构及深浅关系变化依次加入WG4、WG6、WG8、BG5，最后用高光笔提亮。

注意 整个餐桌配有6把椅子，颜色表现的重点在画面前面的3把椅子，画面后面的3把椅子颜色表现相对简单，这样处理能更好地表现空间颜色的虚实关系。

| 完成图 |

餐厅设计案例上色表现展示完毕，接下来介绍家装中卧室案例的上色技法表现。

7.5.3 卧室设计上色表现方法

1. 卧室设计上色表现案例一

　　该卧室案例具有美式风格特点，在上色表现时要注意空间中主体陈设与周围环境颜色的搭配。例如，地毯颜色、床头倚靠的墙面颜色和家具固有色保持一致，保持空间色彩的整体感。地面颜色、床单漏出部分颜色与床凳颜色，在整个空间中形成色彩之间的呼应，这样的色彩关系让整个空间颜色搭配非常协调，完整性强。

| 主要色色卡参考 |

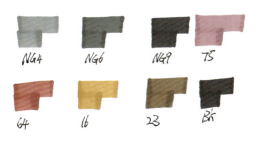

| 过程图 |

| 完成图 |

2. 卧室设计上色表现案例二

此案例为现代风格卧室设计，家具陈设比较简洁、大方。学习了本书前面章节的上色案例，就会觉得该案例上色表现难度并不大。地面为整体地毯铺装，临摹时仔细观察空间前部分马克笔颜色和笔触的处理方式。

| 主要色色卡参考 |

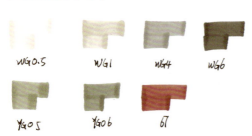

| 过程图 |

| 完成图 |

3. 卧室设计上色表现案例三

该卧室案例整体风格为现代工业风，特别是在颜色的表现上，也是别具特色。中绿色、木色和整体深灰色空间的搭配呈现出复古又不失精致的视觉效果。地面采用地坪漆的工艺铺装方式，在用马克笔表现时可整体上色，注意颜色明暗变化即可，不用刻意去分割地面。

| 主要色色卡参考 |

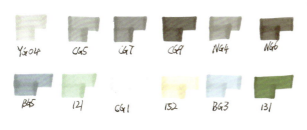

| 过程图 |

| 完成图 |

4. 卧室设计上色表现案例四

在本案例中，重点用马克笔刻画了床上布艺和地毯的颜色，使卧室空间看上去更加有质感，颜色更加饱满。

| 主要色色卡参考 |

| 过程图 |

床盖颜色为冷灰系颜色，地毯颜色为暖灰系颜色，这样的颜色搭配既能统一整体空间色调，又表现出颜色之间的冷暖对比关系，能够区分不同物体。

| 完成图 |

不同风格的卧室案例，呈现不同的色彩关系，希望大家通过本小节中的色彩搭配训练，能熟练掌握卧室空间上色表现技巧。

7.5.4 卫浴空间设计上色表现方法

1. 卫浴空间设计上色表现案例一

在这个卫浴空间中主要用马克笔颜色表现各陈设、墙面材质质感。例如，马赛克造型墙面颜色的整体处理，仿木地板的地砖的材质颜色表现。该案例的重点与难点在于：第一，浴缸颜色的表现；第二，叠加颜色表现淋浴区域玻璃质感；第三，暖灰色墙面瓷砖颜色与质感表现。

| 主要色色卡参考 |

| 过程图 |

| 完成图 |

2. 卫浴空间设计上色表现案例二

本案例中墙面大理石纹理的表现与浴缸里水面的颜色表现为难点，在临摹时要仔细观察颜色变化与笔触的处理。对于深灰色地砖质感的表现，在上色时注意马克笔笔触和深浅关系的处理。

| 过程图 |

| 主要色色卡参考 |

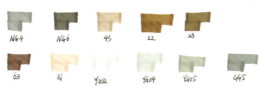

| 完成图 |

家装空间案例设计也是我们比较熟悉的空间设计了，我们在生活中接触得也比较多。希望读者通过本节的上色表现练习，熟练掌握马克笔颜色表现技法与颜色搭配。

7.6 公共空间的上色表现

本节继续学习设计案例的上色表现方法，同时配有几个案例的讲解视频，希望读者通过观看视频，能够更清晰地了解上色表现手法和技巧。

7.6.1 商业接待空间设计上色表现方法

1. 商业接待空间设计上色表现案例一

本案例中的空间为售楼中心的接待大厅，该空间前半部分有水系设计，中间和后半部分都有装饰柱，它们把空间的区域分割。从色卡中可以看出整体空间以灰色系为主，其中，YG是一种从黄绿色系中提取出来的灰色系。红色的柱子、接待台后的主题装饰墙在空间中起到了点睛的作用。本案例提供了讲解视频，供大家参考学习。

| 主要色色卡参考 |

| 过程图 |

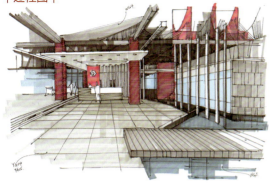

| 完成图 |

完成图里，在灰色系的地砖中加入了黄色和红色，这是受周围环境色的影响。在画面中适当加入环境色，能更好地体现地面的反光质感。

2. 商业接待空间设计上色表现案例二

整个接待空间分为两个区域，接待区域陈设的色彩纯度较高，吧台区域外观的绿植造型比较独特。接待区域的颜色表现不做强调和描述了，着重介绍吧台外观绿植颜色。吧台区域外观绿植以绿色为主体色，红色和浅粉色作为点缀色，还用到了黑色和深灰色强调明暗关系，这样的颜色关系能更好地体现空间物体的层次感。

| 主要色色卡参考 |

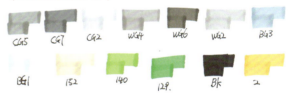

| 完成图 |

顶面造型的颜色对比可以强烈一些，主要用到冷灰色系和黑色，最后用白色高光笔提亮空间中带有英文字母的背景墙面。

| 过程图 |

7.6.2 展览展示空间设计上色表现方法

1. 展览展示空间设计上色表现案例一

　　该专卖店空间上色表现的重点和难点主要体现在以下几点：第一，地面颜色的叠加，要合理安排色彩关系，才能更好地体现地面材质质感；第二，吊顶上镜面的颜色处理，这里的玻璃镜面质感正好和地砖形成色彩和材质上的呼应；第三，空间中高光笔的运用，不仅提亮了整个空间色彩效果，还增加了空间中各个物体材质的真实感。本案例有讲解视频，大家可以参考学习。

| 主要色色卡参考 |

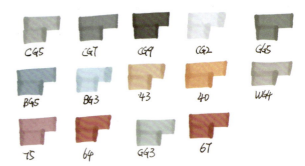

| 过程图 |

| 完成图 |

2. 展览展示空间设计上色表现案例二

该案例上色的重点和难点主要在展示台的色彩和金属质感表现上。展示台所用到的颜色有152号浅黄色、106号浅蓝色、WG4号和WG6号暖灰色。在画的过程中注意用笔时的笔触和速度，只有合理分析展示台的色彩关系，才能把物体表现得更加真实。本案例有讲解视频，大家在临摹学习时可作为参考。

| 主要色色卡参考 |

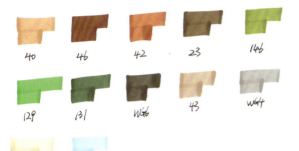

| 过程图 |

| 完成图 |

3. 展览展示空间设计上色表现案例三

本案例为多功能科技展厅效果图，圆形数字展台和富有现代感的吊顶是整个空间的亮点。在上色表现过程中要注意展台弧形外轮廓的形体表现、展台的笔触排列效果、颜色的叠加与过渡。富有现代感的吊顶的颜色主要由深灰色系和黑色组成，在上色时注意加深吊顶的转折与结构处的颜色。地面为地坪漆材质，反光较强烈，可呈现物体阴影，这样的地面颜色较为丰富，可参考本案例完成图中所标注的色号进行上色。

| 主要色色卡参考 |

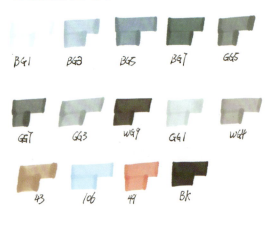

| 过程图 |

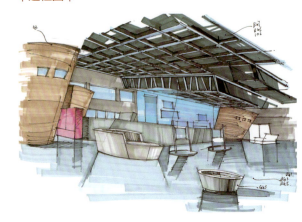

| 完成图 |

7.6.3 办公空间设计上色表现方法

1. 办公空间设计上色表现案例一

从该办公空间上色表现来分析，空间里陈设上色表现并没有太多难点，但有两个重点：第一，窗户玻璃质感的色彩表现与窗外绿植颜色的结合；第二，地砖材质的色彩关系和表现技巧。在上色过程中需要分析空间结构并塑造形体关系。

| 主要色色卡参考 |

| 过程图 |

| 完成图 |

2. 办公空间设计上色表现案例二

本案例空间结构与陈设不是特别复杂。整体空间颜色主要为灰色系，蓝色系的沙发、橙色的书柜和椅子的颜色在空间中形成强烈的对比关系，同时在空间颜色表现中也形成了独特的搭配风格。

| 主要色色卡参考 |

| 过程图 |

| 完成图 |

3. 办公空间设计上色表现案例三

最后这个案例是会议空间的色彩表现，该案例表现的重点与难点在于：第一，空间里前后墙面软包的色彩表现，上色时注意颜色的过渡与深浅的变化；第二，通过临摹学习地毯材质的颜色处理与笔触表现技巧。

| 主要色色卡参考 |

| 过程图 |

| 完成图 |

在本节中给大家展示了一些关于公共空间的上色表现技巧，包含接待空间、展厅、办公空间等。不同的空间类型的结构、风格、颜色有所不同，本节也呈现了不同空间、陈设的上色表现技巧。希望读者通过临摹、分析不同案例的色彩表现，更加熟练地掌握马克笔的上色技巧。

7.7 空间上色表现的常见错误案例分析

在我们学习空间上色表现过程中，经验不足的学员会有一些疑难问题与失误，导致用马克笔表现出来的颜色影响了整体画面效果。所以本节会通过一些案例来解析马克笔上色过程中容易出现的一些问题和错误，让大家明白如何去应对与解决这些问题。

1. 颜色层次关系表现不足，过于简单。由于一开始针管笔线稿中的形体关系就表现得不够准确，所以在上色过程中也会出现一些问题。该学员对上色步骤理解不够充分，所以右图用马克笔表现出的物体和空间造型的颜色都过于单一，画面效果不完整。

2. 空间重点不够突出，没有色彩关系对比。这也是初学者在上色表现过程中容易出现的问题，画面效果如右图所示，看上去过于平淡，所有物体颜色都很相似，该突出的家具没有深入刻画。

3. 马克笔笔触表现凌乱。该空间的造型表现较前两个案例要好一些，马克笔颜色也有一些对比及层次关系，但是笔触过于随意，所以使画面显得凌乱、不规范。对于马克笔的笔触，在运用的过程中要粗细结合，不要都是一些较细、较碎的线条笔触，这样的色彩表现会使空间看上去松散、没有凝聚力。

希望通过以上问题案例的分析与解说，能帮助大家更好地掌握马克笔空间上色表现的技巧，进一步提高手绘表现能力。

第 8 章
室内设计快题表现

本章重点

本章通过快题设计的实际案例展示，为读者提供一些快题方面的参考。明确平立面的作图规范，结合效果图设计出完美的排版方案，这是一项手绘与设计的综合练习。每年各大高校的室内设计、环境艺术设计等艺术类专业的入学考试，都会通过各种不同方式的快题设计，来对考生手绘表现综合能力进行考查。本章也会通过一些实际案例分析，来说明快题设计的注意事项和要求。

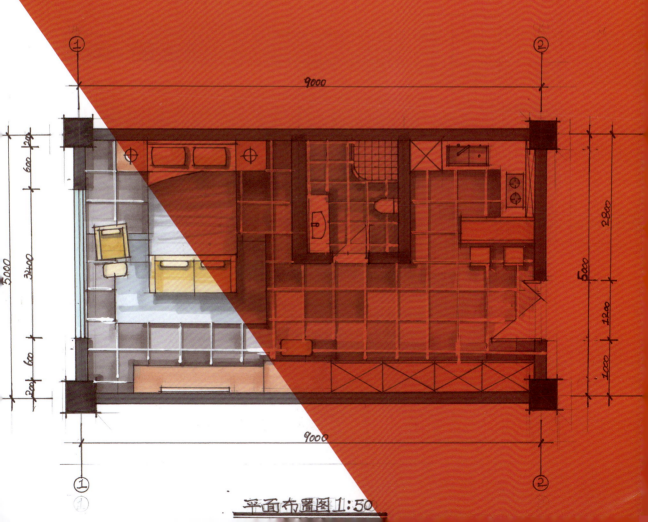

平面布置图1:50

8.1 快题设计概述

快题的形式和内容分很多种，读者可通过一些实际的快题案例，学习绘制快题设计的技法与步骤，增加设计知识，提高手绘设计的综合运用能力。

8.1.1 什么是快题设计

快题设计又称快速设计、快图设计。简单地说，就是在一定的时间范围内（一般为3~6小时）完成设计方案构思、表现过程及成果展示，是室内设计过程中方案设计的一种表现形式。

8.1.2 快题设计的主要表现内容

学习绘制快题设计最重要的一点就是掌握制图的规范和设计概念的整体性。接下来讲解的内容不仅有快题设计表现，也有制图的规范，这都是需要掌握的重点。

1. 制图规范

主要包括尺寸标注、文字与比例、图标和线型。

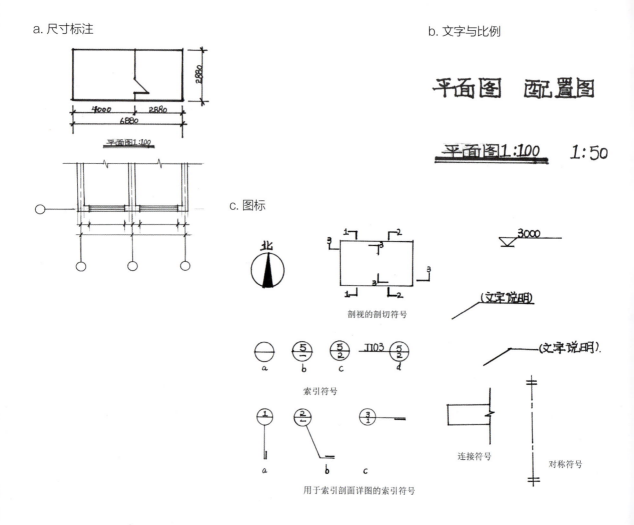

a. 尺寸标注

b. 文字与比例

c. 图标

剖视的剖切符号

索引符号

用于索引剖面详图的索引符号

连接符号

对称符号

d. 线型

线宽比	线宽	线宽组					
b	粗	2.0	1.4	1.0	0.7	0.5	0.35
$0.5b$	中	1.0	0.7	0.5	0.35	0.25	0.18
$0.25b$	细	0.5	0.35	0.25	0.18		

线型名称、型式及应用			
图线名称	图线型式	一般应用	代号
粗实线		1. 可见轮廓线；2. 可见过渡线	A
细实线		1. 尺寸线与尺寸界线；2. 剖面线；3. 重合剖面轮廓线；4. 螺纹的牙底线及齿轮的齿根线；5. 引出线；6. 分界线及范围线；7. 弯折线；8. 辅助线；9. 不连续的同一表面的连线；10. 成规律分布的相同结构要素的连线	B
波浪线		1. 断裂处的边界线；2. 视图与剖视的分界线	C
双折线		1. 断裂处的边界线	D
虚线		1. 不可见轮廓线；2. 不可见过渡线	F
细点划线		1. 轴线；2. 对称中心线；3. 轨迹线；4. 节圆及节线	G
粗点划线		1. 有特殊要求的线或表面的表示线	J
双点划线		1. 相邻辅助零件的轮廓线；2. 极限位置的轮廓线；3. 坯料的轮廓线或毛坯图中制成品的轮廓线；4. 假想投影轮廓线；5. 试验或工艺用结构（成品上不存在）的轮廓线；6. 中断线	K
设计			线型名称、型式及应用
校核		比例	
审核		共 张 第 张	

2. 平面图

在表现平面图的过程中应注意制图的规范性，表现步骤如下。

步骤 01 确定比例。根据要求，常用的比例有1：50或1：100，这样的比例计算起来比较容易。

步骤 02 画出轴线。在开始画平面图之前一定要先画轴线，确定出平面图的尺寸。

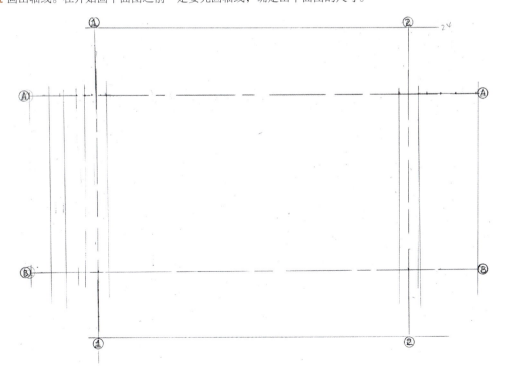

步骤 03 根据轴线画出墙体。

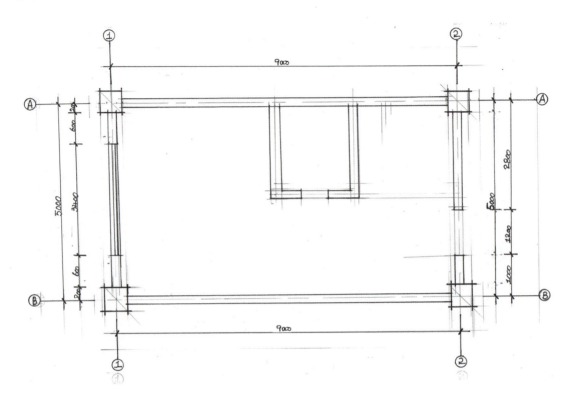

步骤 04 根据功能分区，添加家具。

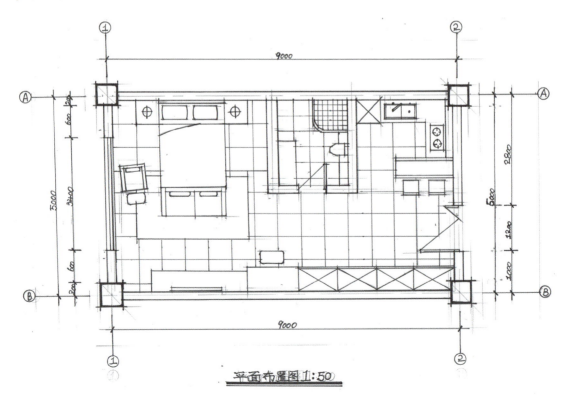

平面布置图 1:50

步骤05 给平面图勾线。注意在用针管笔勾线时，要区分线条的粗细。柱子的线条最粗（针管笔0.8），其次是墙体的线条（针管笔0.5或0.3），家具用最细的线条（0.1）。标注的线条不宜过粗，同一家具线条可用同一型号针管笔。这些是制图的规范，也是评判制图好坏的标准。

步骤06 平面图上色。平面图的颜色其实相对于家具上色表现来说比较简单。一般柱子为深灰色（如马克笔CG9、BG9、WG9都可以），墙体的颜色比柱子略浅一些。家具颜色可适当表现，不宜过深，用浅灰色表现家具阴影。地面颜色也一样，一般局部刻画一下即可，颜色不要画得过多、过满，否则画面会没有透气感。

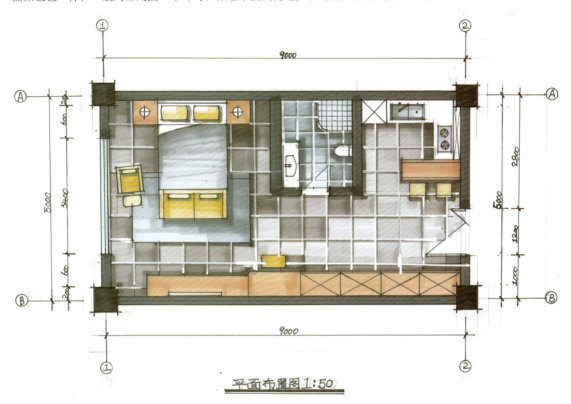

平面布置图 1:50

3. 剖立面图

剖立面图的表现步骤跟平面图的表现步骤差不多，但是要注意的是剖立面图主要体现被剖墙体的结构细节，如被剖开墙体与窗户、吊顶的结构的细节等，在绘制时都需要把这些剖开的断面结构表现在画面当中。

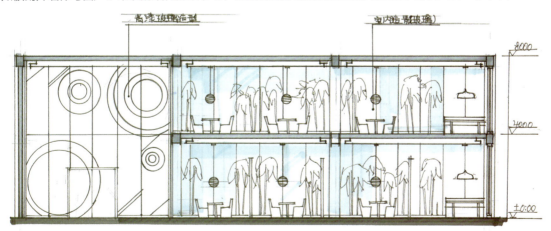

1-1剖立面图 1:100

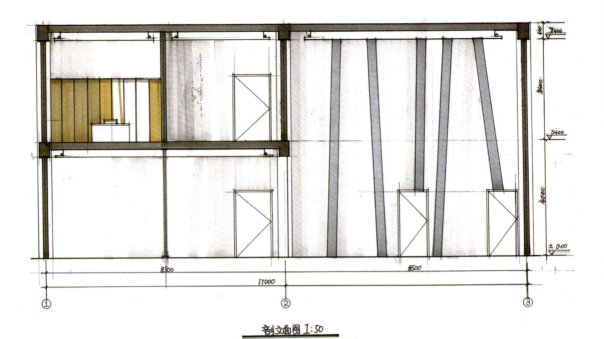

剖立面图 1:50

4. 立面图

墙体的立面图主要体现墙体的装饰造型和家具装饰效果。

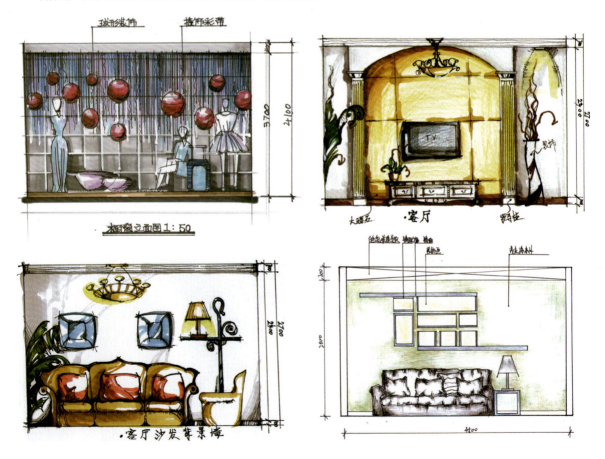

5. 天花图

天花图主要表现天花吊顶的灯位布局，最后用灯饰的符号配合文字来说明。

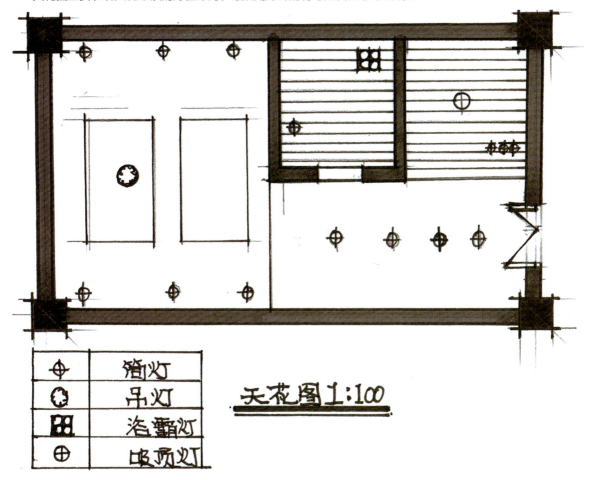

⊕	筒灯
⊙	吊灯
⊞	浴霸灯
⊕	吸顶灯

天花图1:100

6. 人流动线图

人流动线图一般可以相对简单地表现，画出整体平面功能分区与布局，然后用实线或者虚线作为引导即可。

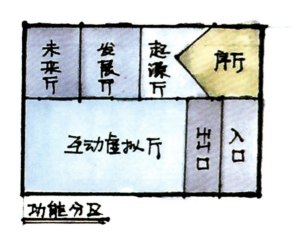

功能分区

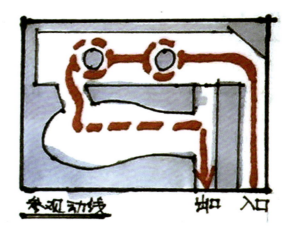

参观动线   出口 入口

7. 空间效果图

空间效果图在快题设计中也十分重要，它可以让观者更直观地感受到设计的成果。

8. 文字

可根据设计的主题来选择题目字体的表现形式，字体要符合整体画面要求。设计说明的文字一般可用宋体字，或者根据整体画面效果设计字体，但字迹要清晰、工整。要注意的是文字一定不能写得太随意，不然会给整体画面效果减分。

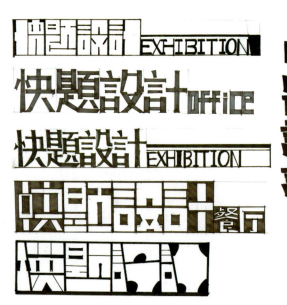

注意 快题设计一定要根据题目要求来表现，一张图纸上不能排得过满，但又不能没有内容。所以，根据题目要求准确地表现内容，才能达到理想效果。

8.2 室内空间快题设计

下面通过分析一些实际考试案例，帮助大家从案例中进一步学习室内快题设计表现的方法与技巧，并积累一些表现经验，将其转变为自己的设计表现手法。

8.2.1 酒店式公寓快题设计案例

题目：酒店式公寓。

设计要求：本酒店为酒店式公寓，本空间为标准间设计，总面积45m²。酒店特色是让客人入住后能体会到家的感觉。对于一些长期出差的办公人员，入住时间比较长，所以要求有独立的厨房，以供使用。风格自定，但要简洁而不失格调。功能设计合理，色调统一。设计要求展示出平面图、剖立面图、立面图、天花图和空间效果图。

时间：3小时。

案例展示

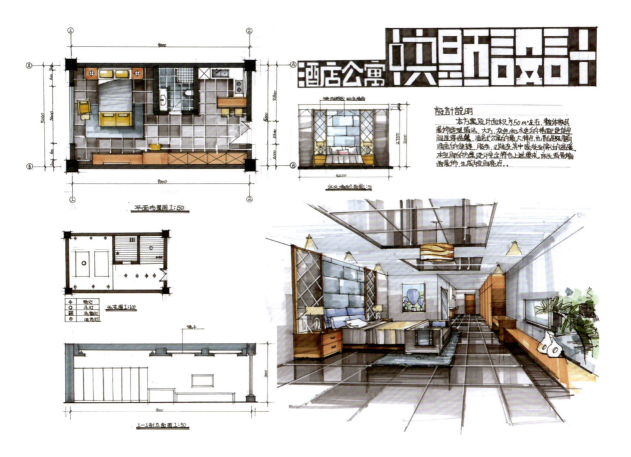

| 床头墙面立面图 |

采用了镜框和软包结合的装饰效果，镜面的造型不仅给整体空间增添了特色与亮点，还有意识地扩宽了空间视觉效果。

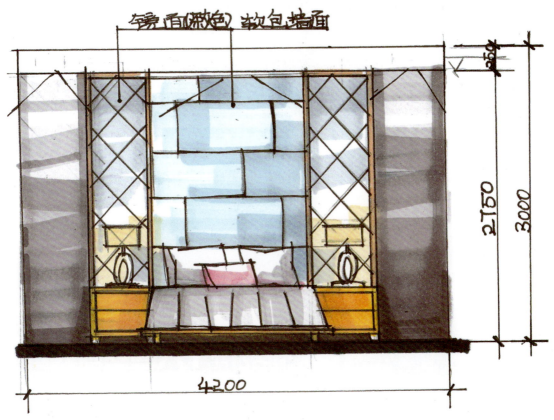

床头墙面立面图1:50

案例解析

| 优点 |

❶ 本方案设计较为完整，符合题目要求，区域划分合理，同时也满足了客人入住的一些功能需求。整体的衣柜中内嵌鞋柜，这种隐藏式设计既优化了视觉效果也节省了空间。开放式的厨房与吧台式餐厅相结合，方便、实用而不失格调。

❷ 在风格上做到了统一，整个空间色调给人以温馨的感觉。家具整体以实木色为主，和灰色地面形成空间呼应。

❸ 整张图纸构图稳定，版式设计按照合理的要求进行划分，透视效果做得比较好，增强了视觉冲击力，整体色调柔和均匀。

❹ 采用"上下呼应"的设计手法，使天花镜面的造型、主体背景墙和地面形成空间虚拟关系，创造出空间的围合感，增强了空间的识别度。

❺ 绘画效果完整，特别是效果图空间透视准确，颜色运用得当，明暗关系及色彩变化合理，技法娴熟。

| 不足 |

❶ 要注意制图标注的规范性，图标不够全面，卫浴空间尺寸没有标注，平面图上的剖切符号没有体现出来，天花图的高度和造型尺寸没有标注。

❷ 电视背景墙细节设计上有待完善，整面墙体感觉有点空，不够饱满。

8.2.2 服装专卖店快题设计案例

题目： 服装专卖店。

设计要求： 本空间的面积为18m×18m。本服装店经营国内的高端服饰品牌，包括男女服装、箱包和饰品等。服饰系列因时尚、简洁、款式新颖等特点得到消费者的青睐。店面装修要求具有现代感，流线型空间造型，展示出前卫、时尚、高端的装饰风格。整体风格、色彩自定。要求展示出主立面图、平面图和空间效果图。

时间： 3小时。

案例展示

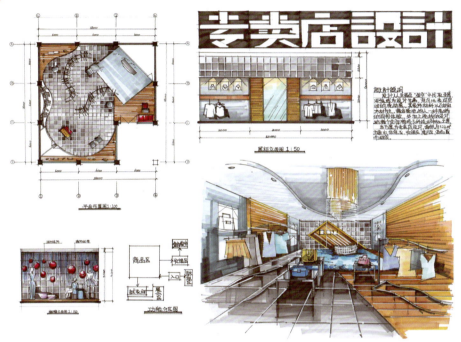

| 橱窗立面图 |

橱窗整体背景墙用暖灰色大理石来表现，彩色挂饰为丝绸质感，红色球形装饰物给橱窗立面增添了新的颜色及亮点。

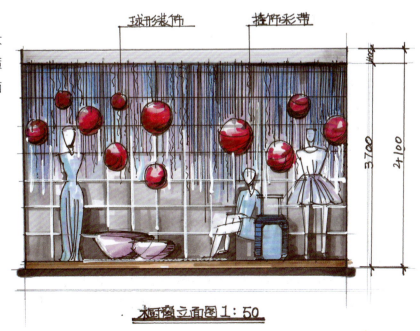

|效果图|

案例解析

|优点|

❶ 装饰效果好。根据空间效果图可看出，整体的装饰效果做得比较饱满，墙面和地面展示区域安排合理，结合木饰面装饰造型，呈现出了比较好的装饰效果。

❷ 区域划分设计较为合理，在整个专卖店设计里，有休息区、展示区与收银区等功能分区，收银台的位置也比较突出，与后面背景Logo造型构成空间的中心。

❸ 橱窗展示部分设计是整个专卖店的亮点，主次关系以及整个空间的层次关系控制得比较好。

❹ 流线型的设计有新颖的感觉，这种"流线型"设计又在无形中把天花、墙面、地面串联起来，形成一个整体。

❺ 画面排版设计符合题目与设计要求，有一定的整体控制能力。

❻ 制图中平面图的标注做得较好，完整规范。

|不足|

❶ 在制图的规范细节方面还可以加强，如立面图标高的部分，可增加一些剖立面图的结构展示，增强整个设计的制图感。展柜立面图没有标注相对应的材质说明。

❷ 设计说明不够完整。可在设计说明里面增加对空间功能的说明。

8.2.3 办公空间快题设计案例

题目： 办公空间。

设计要求： 本空间长和宽都为17m，层高6m。在此空间里设计一个办公空间，需要有公司接待区域、会议室、整体办公区域、休息区域及资料档案管理室。风格要求以现代风格为主。整体色调自定，制图规范、严谨。要求展示出平面图、立面图和空间效果图。

时间： 3小时。

案例展示

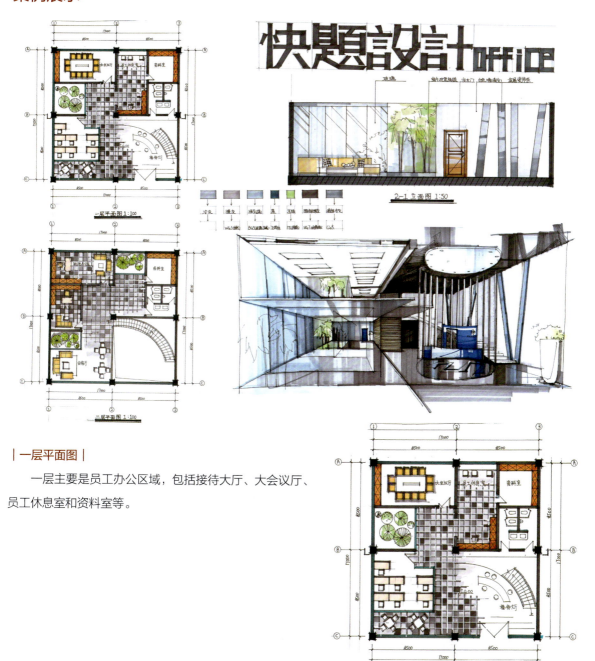

一层平面图

一层主要是员工办公区域，包括接待大厅、大会议厅、员工休息室和资料室等。

| 二层平面图 |

二层主要为公司管理层办公区域，有财务室、经理办公室、资料室和会客厅。

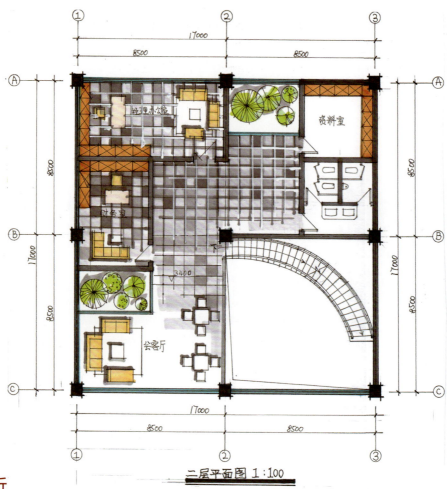

二层平面图 1:100

案例解析

| 优点 |

❶ 功能分区较好。分为上下两层，一层主要为员工办公区域，还有接待大厅，所以一层为"动态"区域。二层是管理层人员办公的地方，相对于一层来说人员来往比较少，所以为"静态"区域。

❷ 版式完整。整个版式设计比较合理，平面图、立面图和效果图的颜色很协调。

❸ 设计风格简洁、明快，没有多余的装饰，弧形楼梯与前台相结合，展现出现代风格。

❹ 整体空间色调安排合理，比较低调，符合办公空间这一定位。

❺ 效果图表现技法娴熟，使用马克笔上色，使整个空间色彩协调、统一。

| 不足 |

❶ 设计内容不够完整。只有二层立面图，没有一层立面图的展现，会觉得整个设计内容不够完整。也可适当增加功能分区图、天花图和人流动线图，对于这样的大空间设计，更要增强版面的制图感。

❷ 制图规范问题。二层立面图标注不够严谨，没有尺寸标注。

❸ 空间功能分区，布局上的细节还需推敲。要让每个区域里面，陈设与空间结合得更加合理，如公共办公区域里面的座椅摆放，就感觉不够严谨。

8.2.4 餐饮空间快题设计案例

题目: 餐厅空间。

设计要求: 以绿色为主题,设计一个餐厅。餐厅面积为384m²,分上下2层,每层高4m。该餐厅位于比较繁华的城市商业区,能够提供自助、中餐、西餐和休闲等多种餐式。风格简洁、低调,在繁华的中心,这样一个绿色景致的餐厅,能让人们在繁忙、快节奏的生活环境里倍感清新。画面要有平面图(比例为1:100)、餐厅剖立面图和整体空间效果图。设计合理、有创意,画面完整。

时间: 4小时。

案例展示

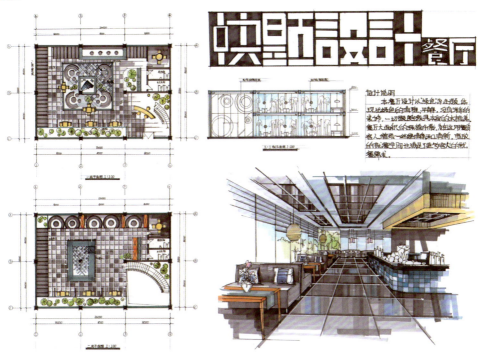

餐厅剖立面图

雅座和绿植布景相结合,凸显以绿色为主题的空间环境,整体落地式的窗户也增强了空间的通透感,达到室内外空间相互交融的效果。

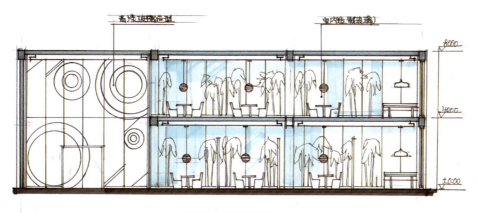

案例解析

│优点│

❶ 构图稳定。整个版式设计比较完整，画面协调。

❷ 设计以"绿色"为主题的餐厅，本空间简洁的陈设装饰与整面绿植共同体现了"绿色"这个主题。

❸ 按照餐厅要求进行平面布局。一层设计了门厅（含前台、休息区和收银区等区域）、营业区（含雅座、散座和包间等区域）、辅助用房（操作台和卫生间等区域）。二层主要为自助模式餐厅，用餐环境比较自由。总体功能分布较为合理。

❹ 画面设计制图感强。两层平面图的标注完整，制图规范；剖立面图的图标完整，结构相对清晰。

❺ 效果图的表现技法娴熟，马克笔的色彩变化与搭配运用得合理，层次丰富。

│不足│

❶ 标注细节不足。平面图上没有标注剖切符号，二层平面图上没有标注标高。

❷ 设计说明描述得太笼统，应该既有整体又有局部的设计说明，再结合一些功能分区图及人流动线图加以分析。

❸ 空间布局上，对于空间的利用可再完整一些，由于餐厅面积比较大，可以适当增加明档区。

8.2.5 售楼中心空间快题设计案例

题目：售楼中心。

设计要求：按照给的平面图，设计一个售楼中心展厅，要求同时具备售楼中心的多项办公功能，是一个能满足休闲、洽谈、展示、办公和会议等需求的综合型的售楼中心。长和宽为24m×24m，空间高6m，风格自定。要求有平面图（比例为1：100）、立面图、功能分布图、人流动线图、空间效果图和完整的设计说明。

时间：4小时。

案例展示

一层平面图 1:100　　　　二层平面图 1:100

案例解析

|优点|

❶ 以"树"为主题的设计比较新颖,整个方案设计中,落地式的玻璃窗都有"树"的分解形象。

❷ 方案设计比较完整,版式设计相对协调、饱满。

❸ 功能分区合理。一层包含接待区、展厅(其展厅分主要展厅和小展厅,这样的设计比较合理,主次分明)、吧台区、休闲洽谈区、资料室、会议室(可以提供给员工开小型会议)。二层为样板间区,二楼有中心环岛设计,结合样板间展示本楼盘特点,这样的空间划分比较饱满、合理。

❹ 吧台区和宽敞的休闲洽谈区为来这里的客人提供了方便、舒适的环境。

❺ 采用"图文并茂"的方式,结合设计说明将本方案设计进行了阐述,丰富了本方案设计的内容。

❻ 制图比较规范。平面布置图标注规范,尺寸标注相对规范完整。

|不足|

❶ 立面图不够全面。还可以多增加立面图的表现,让方案设计具体化。

❷ 二层的空间划分在细节上有待推敲,有空间还没有得到很好的利用与规划。

❸ 效果图的表现,透视与内容上的选择有点局限性,如果视角能大一点,内容和透视效果就会更丰富一些。

8.2.6 展厅空间快题设计案例

题目： 展厅空间。

设计要求： 要求总平面图比例为1:200，以一个大约500m²的空间，设计一个展厅。展厅展出的是跟生命科学有关的一些展品，让人们在看展的过程中了解到生命的形成、发展以及生命带给人的震撼。要求画面有总平面图、立面图、空间效果图、效果分析草图、功能布局图和人流动线图。

时间： 4小时。

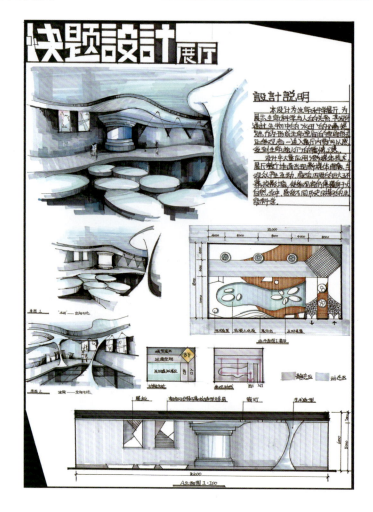

案例解析

┃优点┃

❶ 本方案设计是一个关于"生命科学"的展厅。从效果图中的颜色与造型能看出设计的主题，给人以丰富的想象空间。

❷ 整个展厅设计以"水母"作为形态元素，设计选题新颖，为观众展现"生命"带来的震撼。部分展厅天花、顶面、地面之间还采用了"鱼骨"的形态作为设计元素，增加了空间的神秘感。

❸ 本空间运用了新媒体技术，展厅地面也会出现整个新媒体图像，与观众互动，配合四周的巨大环幕墙，能够使观众仿佛置身于大自然中。

❹ 在设计上采用了"L"形的布局方式，空间布局呈流线型，人流动线清晰、明确。

❺ 构图稳定，设计图完整，符合题目设计要求。

❻ 整体画面色调统一，整体的灰色调和蓝色调很好地诠释了科技空间所带来的视觉效果。

┃不足┃

❶ 制图规范方面还需完善。平面图没有指北针，局部造型没有标高，立面图尺寸标注不够详细。

❷ 效果图的弧形透视细节处理得不是很准确。

8.3 优秀学员作品展示

　　最后给大家展示一些本人在手绘教学工作中教过的学员的手绘作品，他们在表现这些手绘作品时大部分都是通过临摹的方式。本人根据多年的教学经验及绘画经验，认为一开始学习室内设计手绘表现时，最好的方式就是大量地临摹好的室内设计手绘作品或是效果图作品。通过大量的案例临摹练习，掌握好的绘画方法和技巧，这样不断反复练习，会使我们的手绘能力在短时间内得到显著的提高。

1. 会所手绘临摹作品

室内设计第47期学员

指导老师： 曾添

姓名： 许月欣

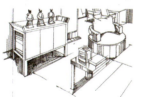

作业点评

| 优点 |

　　❶ 本张作品透视关系明确，家具及陈设形体关系表现准确。

　　❷ 对整个空间的颜色把握得很好，明暗关系、虚实关系都表现得很到位。尤其是对空间前半部分的家具、明暗的处理，马克笔的笔触运用较为娴熟。

　　❸ 质感表现相对明确。

| 不足 |

　　局部马克笔颜色叠加次数过多，有晕笔的现象。

2. 会议室手绘临摹作品

室内设计第47期学员

指导老师： 曾添

姓名： 许月欣

作业点评

| 优点 |

❶ 从针管笔线稿可看出，本张作品的空间透视效果表现得很好，整个会议空间的形体透视关系准确。

❷ 色彩层次关系丰富，马克笔颜色表现自然，真实感强。

❸ 整个空间质感表现真实，体现了娴熟的马克笔表现技法。

❹ 整个空间画面的细节刻画到位，家具、墙面、天花的颜色表现得精致细腻。

| 不足 |

地面上椅子的阴影部分可以弱化一点，影子不能太过抢眼。

3. 休闲空间手绘临摹作品

室内设计第52期学员

指导老师： 曾添

姓名： 谢殊臣

效果图	
局部效果图	
局部效果图	局部效果图

作业点评

| 优点 |

❶ 家具颜色表现得很饱满，马克笔颜色有层次体现。

❷ 运用了彩色铅笔，使颜色过渡得更加自然。

❸ 画面体现出了一定的真实感。

| 不足 |

❶ 空间前面的单体沙发，形体关系表现得不够准确。

❷ 由于整个画面中家具比较多，空间的纵深效果没有表现出来，空间、陈设和家具的层次没有拉开。

4. 中式风格酒店空间手绘临摹作品

室内设计第52期学员

指导老师： 曾添

姓名： 谢殊臣

效果图

家具参考图 | 家具参考图

作业点评

┃优点┃

❶ 整个画面颜色丰富、饱满。彩色铅笔与马克笔相结合，颜色过渡自然，每一个物体的色彩都表现得很充分。

❷ 画面的真实感强。

┃不足┃

❶ 空间透视、家具形体关系的表现准确度还需进一步提高。

❷ 需要用颜色处理好整体空间前后的虚实关系及色彩的冷暖变化，这样表现出来的空间才会有主有次。

5. 餐饮空间手绘作品及综合手绘作业

室内设计第36期学员

指导老师： 曾添

姓名： 郗桐

作业点评

|优点|

❶ 这套作品都是同一个学员完成的，该学员手绘基础好，对手绘技法表现有自己的想法。

❷ 从颜色来看，以上作品都体现了学员扎实的美术功底，其对于马克笔上色有一定的掌控能力。

❸ 作品中的形体关系明确，家具外形结构表现较好。

❹ 画面质感表现到位，体现了一定的真实效果。

6. 酒店空间手绘写生作品

室内设计第92期学员

指导老师： 曾添

姓名： 李凤飞

作业点评

| 优点 |

❶ 画面视觉效果好，既能体现细节也能呈现整体。

❷ 空间透视表现到位，形体关系、结构准确。

❸ 造型、家具结构明确清晰，体现了良好的手绘表现技巧。

❹ 颜色表现丰富饱满，表现出了空间造型的真实感。

| 不足 |

前面地毯上的深色花纹可以弱化一点，不能太过抢眼。

7. 餐饮空间手绘临摹作品

室内设计第50期学员

指导老师： 曾添

姓名： 杜方舟

作业点评

| 优点 |

❶ 颜色饱满，过渡自然。

❷ 画面内容丰富，结合空间造型、颜色体现了空间的真实感。

❸ 结构清晰明确，有整体意识。

| 不足 |

空间画面靠里的地方缺少内容，显得有点空，这是因为前后关系没有处理好。

8. 欧式风格空间手绘临摹作品

室内设计第50期学员

指导老师： 曾添

姓名： 杜方舟

作业点评

| 优点 |

❶ 欧式风格的卧室组合家具的形体关系大致准确。

❷ 针管笔表现的质感完整明确，线条干净。

❸ 整个颜色关系协调，马克笔颜色过渡自然。

❹ 马克笔和彩色铅笔结合，增强了空间的真实感。

| 不足 |

对家具形体的把握和表现不准，床头柜曲线透视关系不够准确。

9. 中式风格酒店空间手绘临摹作品

室内设计第50期学员

指导老师： 曾添

姓名： 李瀚文

效果图

家具参考

作业点评

| 优点 |

❶ 中式风格空间表现完整，结构关系、透视关系准确。

❷ 针管笔表现的形体到位。

❸ 空间颜色均匀，物体的真实感强。

| 不足 |

❶ 可以适当注意空间前后的虚实、深浅变化。

❷ 中式单体家具的花纹图形可以表现得再具体一些，增强中式家具的真实感。

10. 公共空间手绘临摹作品

室内设计第92期学员

指导老师： 曾添

姓名： 杜文月

作业点评

| 优点 |

❶ 整体空间视觉效果强，空间的塑造能力好。

❷ 形体关系准确。

❸ 颜色运用自如，体现了娴熟的手绘技巧和深厚的功底。

❹ 空间造型质感表现真实。

11. 公共空间手绘临摹作品

室内设计第92期学员

指导老师： 曾添

姓名： 杜文月

作业点评

| 优点 |

❶ 整体空间颜色运用得很好，颜色搭配协调，层次丰富。

❷ 餐饮空间的流线造型和透视关系表现准确，空间结构明确。

❸ 各墙面造型、质感表现准确。

12. 公共空间手绘临摹作品

室内设计第48期学员

指导老师： 曾添

姓名： 桑侃

作业点评

| 优点 |

❶ 空间形体关系表现得较为完整。

❷ 颜色过渡自然，马克笔和彩色铅笔结合，表现出了颜色的层次关系。

❸ 透视关系表现准确。

| 不足 |

❶ 家具具体的形体结构表现得不够严谨，尤其是画面前半部分的家具。

❷ 高光笔运用得太过于频繁，导致画面有点"乱""花"。

13. 展厅手绘临摹作品

室内设计第48期学员

指导老师： 曾添

姓名： 桑侃

作业点评

| 优点 |

❶ 颜色关系对比强烈，增强了视觉效果。

❷ 对空间造型及结构的表现有一定的控制能力。

❸ 形体结构表现较为完整。

| 不足 |

❶ 地面由马克笔和彩色铅笔结合表现，过渡不自然，显得有点生硬。

❷ 空间视觉效果有局限性，可以在最开始起稿时拉大空间的透视效果。

14. 泳池手绘临摹作品

手绘基础班学员

指导老师： 曾添

姓名： 谭陈晨

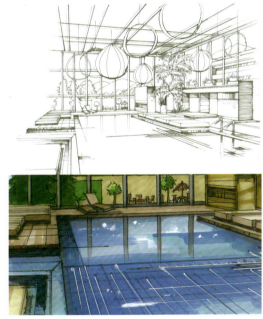

作业点评

| 优点 |

❶ 透视关系表现准确，颜色对比及过渡处理得很好。

❷ 对空间造型及结构的表现有一定的控制能力。

❸ 空间中水的质感表现较为准确。

| 不足 |

从画面中可以看出对马克笔颜色的运用还不是非常熟练，窗外绿植细节部分的颜色层次较为简单。

15. 展厅空间手绘临摹作品

手绘基础班学员

指导老师： 曾添

姓名： 谭陈晨

作业点评

| **优点** |

❶ 透视关系表现准确，颜色对比强烈。

❷ 从画面中可以看出对单色调子有细节的深入刻画。

❸ 最后用彩色铅笔深入刻画地面，对于整个空间色彩而言，起到了很好的调节和过渡作用。

| **不足** |

❶ 画面中墙体柱子的颜色过渡不自然。

❷ 墙面彩色造型部分的质感表现不是那么准确。

16. 景观手绘临摹作品

手绘基础班学员

指导老师： 曾添

姓名： 谭陈晨

作业点评

| 优点 |

❶ 画面整体造型饱满。

❷ 从画面呈现的效果看，有很好的深入刻画过程。

❸ 颜色的层次感和丰富性也有一定的呈现，石材和画面中水的质感表现准确。门洞的造型及颜色处理得很深入，有细节刻画。

| 不足 |

❶ 画面中石板路的透视表现有一些不准确。

❷ 绿植本身的固有色表现得不够丰富，没有在绿色中寻求变化。

后 记

本书通过讲解8章内容，从易到难、从整体到局部地对室内设计手绘表现做了详细的介绍。希望能通过此书，让更多的手绘学习者、手绘爱好者和对手绘表现有需求的从业人员有进步。下面对本书的重点，也可以说是手绘表现的技巧、重点进行总结。

第一，基础性的练习至关重要，如手绘线条练习、透视和明暗关系分析。

第二，临摹是一种很好的学习手绘的方式。

第三，对于颜色搭配，应掌握基本的上色规律，使整体空间颜色、色调统一。一开始可以从单体家具入手，熟练后再试着给组合家具上色，给整体空间上色。

第四，手绘必须要有量的积累，才能有质的变化。要勤练习手绘技法，多修改画面中的不足与错误，这样才能积累丰富的绘画经验。

第五，掌握手绘表现技巧后，一定要去实践、去运用，手绘效果图可以帮助我们表达自己的设计想法，完善设计方案。